DEUTSCHE AKADEMIE DER WISSENSCHAFTEN ZU BERLIN

Veröffentlichungen der Sternwarte Babelsberg

Band XIII, Heft 6

*HANS-JOACHIM FELBER*

# DIE BEWEGUNGSVERHÄLTNISSE IM NEPTUNSYSTEM

AKADEMIE-VERLAG · BERLIN
1960

Erschienen im Akademie-Verlag GmbH, Berlin W 8, Leipziger Straße 3—4

Lizenz-Nr. 202 · 100/773/60
Offsetdruck: VEB Druckerei „Thomas Müntzer" Bad Langensalza
Bestellnummer: 2077/6
Printed in Germany
ES 18 D 3

## Inhaltsverzeichnis

Abstract. After treating the history of the theory of satellites in the system of Neptune, the author proves the oblateness theory by TISSERAND-NEWCOMB to continue valid up to this day. In the case of Nereid the superiority of the perturbations by Triton is demonstrated with numerical approximations. They exceed the solar perturbations computed hitherto. The observations of Triton by GEORG STRUVE in the years 1922 - 1932 are reduced and compared with the ephemeris of EICHELBERGER and NEWTON.

## Einleitung

Schon wenige Monate nach der Entdeckung des Neptun auf der Berliner Sternwarte wurde 1846 in Starfield bei Liverpool der erste Trabant dieses Planeten von LASSELL gesichtet. Dieser Neptuntrabant, 1880 von FLAMMARION mit dem Namen "TRITON" benannt, wurde von Anfang an in mehreren großen Reihen an verschiedenen Observatorien beobachtet. [1]
1886 lenkte MARTH die Aufmerksamkeit der Astronomen auf die Veränderungen in der Länge des aufsteigenden Knotens und in der Neigung der Bahnebene bezüglich des Erdäquators. [2]
ASAPH HALL schrieb 1888 dieses Phänomen systematischen Fehlern in den Beobachtungen zu. [3]
Unabhängig voneinander sahen im gleichen Jahr TISSERAND und NEWCOMB in diesen Störungen die Wirkung der äquatorialen Wulst des Neptun. [4 u. 5] Eine Abplattung dieses Planeten ist wegen seiner großen Entfernung von der Erde noch nie beobachtet worden. Nach TISSERANDs Abschätzungen genügt nun lediglich eine ziemlich gemäßigte Abplattung, um die auftretenden Störungen bei Triton zu erzielen.

---

[1] C. Flammarion, "Astronomie populaire", Paris 1880, S. 591.

[2] A. Marth, "Ephemeris of the Satellite of Neptune, 1886-87", Monthly Notices of the R.A.S., vol. XLVI, S. 504 - 507.

[3] A. Hall, "The Satellite of Neptune", The Astronomical Journal, vol. VIII, S. 78.

[4] F. Tisserand, "Sur le satellite de Neptune", Comptes rendus, t. 107, S. 804 ff.; t. 118, S. 1372 ff.

[5] S. Newcomb, "Note on the Satellite of Neptune", The Astronomical Journal, vol. VIII, S. 143.

HERMANN STRUVE führte 1887 - 1893 in Pulkowa vier große Reihen durch, überprüfte und diskutierte die vorangegangenen Untersuchungen 1894 in einer ausführlichen Abhandlung. [1] Hierbei stellte er fest, daß sich von 1848 - 1892 die Länge des Knotens der Satellitenbahn um $7^{\circ}$ vergrößert, während sich die Neigung der Bahnebene zum Erdäquator hingegen beinahe ebenso verkleinert hatte. In dieser Arbeit gab STRUVE Formeln an, die es erlauben, zu einer beliebigen Epoche die Länge des Knotens und die Neigung der Bahnebene anzugeben. Die Struveschen Elemente bildeten von 1897 - 1914 die Grundlage für die Berechnung der Triton-Ephemeride in der "Connaissance des Temps".

STRUVE erklärt die erwähnten Variationen durch folgende Ursache: "Es muß hiernach angenommen werden, daß der Pol der Bahnebene eine bedeutende Bewegung von langer Periode vollführt, deren Ursache in einer störenden Masse zu suchen ist, welche in einer gegen die Trabantenbahn geneigten Ebene liegt. Unter den hier denkbaren Fällen kommt in erster Linie die Abplattung des Planeten in Betracht, ... Diese Hypothese ist zuerst von Herrn Tisserand aufgestellt und näher begründet worden." [2]

ARMELLINI glaubte nun, aus dem ersten Satz entnehmen zu müssen, daß STRUVE unter dieser "störenden Masse" die Existenz eines zweiten, bisher unbekannt gebliebenen Trabanten verstand.

Somit sah ARMELLINI in STRUVE den Urheber einer Hypothese, die im Gegensatz zur TISSERAND-NEWCOMBschen Abplattungstheorie

---

[1] H. Struve, "Beobachtungen des Neptunstrabanten am 30-zölligen Pulkowaer Refractor", Mém. de l'Académie impériale des sciences de St.-Pétersbourg, VII$^{e}$ série, t.XLII, n$^{o}$ 4, St.-Pétersbourg 1894.

[2] H. Struve, l.c., S. 63.

steht. ARMELLINI versuchte daraufhin, 1915 - 1917 in vier Abhandlungen den Nachweis zu führen, daß ein solcher hypothetischer Störtrabant nicht existieren kann. Ein derartiger Satellit müßte wegen seiner Größe bereits beobachtet worden sein. [1]

1949 wurde nun im Neptunsystem ein zweiter Satellit von KUIPER entdeckt. [2] Die Elemente dieses neuen Trabanten stehen im krassen Gegensatz zu den bisher bekannten Satellitenbahnen. Van BIESBROECK fand 1951 bei diesem Satelliten, der den Namen "NEREIDE" erhalten hatte, eine extrem elliptische Bahn (e = 0.76) mit einer starken Neigung zur Tritonbahn ($42^{\circ}$).

In der vorliegenden Arbeit soll versucht werden, mit Hilfe einfacher Methoden der Praktischen Analysis Größenabschätzungen der Störungen im Neptunsystem durchzuführen. Die herkömmlichen Methoden der Himmelsmechanik stoßen in diesem System auf erhebliche Schwierigkeiten, da die Bahn des kleineren der beiden Trabanten eine außerordentlich hohe Exzentrizität aufweist, die die konventionellen Entwicklungen der Störungstheorie nicht konvergieren läßt. Es wurden daher Verfahren gesucht, die Aussagen in qualitativer Hinsicht gewährleisten. Fernerhin wird auf das Problem von ARMELLINI eingegangen im Hinblick auf die Existenz der Nereide.

---

[1] Die einzelnen Abhandlungen sind in § 5 vollständig zitiert.

[2] G.P. Kuiper, "The second Satellite of Neptune", Publications of the Astronomical Society of the Pacific, vol. 61, S. 175 u. 176.

Im letzten Kapitel werden die Tritonbeobachtungen veröffentlicht, die Georg STRUVE 1922 - 1932 an der Sternwarte Berlin-Babelsberg durchführte.

Mit Ausnahme dieses Kapitels wurde vorliegende Arbeit in etwas erweiterter Form von der Mathematisch-Naturwissenschaftlichen Fakultät der Karl-Marx-Universität Leipzig als Inauguraldissertation am 28. Juli 1959 angenommen.

Herr Prof. Dr. habil. J. DICK machte mich freundlicherweise auf die vorliegenden Probleme aufmerksam.
Herr Prof. Dr. Dr. habil. F. BURKHARDT, Leipzig, übernahm das Referat meiner Arbeit.

Die Zeichnungen wurden von Herrn Dipl.-Ing. H. PAUSCHER und von Frau S. WEHR angefertigt. Das Manuskript schrieb Fräulein E. SCHRÖDER.

Allen Genannten möchte ich meinen herzlichen Dank sagen.

## § 1. Die Bahnelemente der Satelliten und die Massenverteilung im Neptunsystem

Als Grundlage für die nachstehenden Berechnungen wurden folgende Bahnelemente benutzt:

TRITON

$n = 61\overset{\circ}{.}257\,3679$ $(P = 5\overset{d}{.}876\,845)$

$u = 162^\circ\,31'\,40''\!.8$

$a = 0.002\,374\,70$ AE

$e = 0$

$N = 197^\circ\,36'\,32''\!.4$

$I = 112^\circ\,33'\,28''\!.8$

NEREIDE

$n = 1\overset{\circ}{.}001\,669$ $(P = 359\overset{d}{.}4)$

$T = 1951$ Febr. 1.7

$a = 0.037\,255$ AE

$e = 0.76$

$\omega = 257^\circ\,26'$

$N = 355^\circ\,10'$

$I = 27^\circ\,51'$

Man beschreibe hierbei um das Zentrum des Planeten Neptun eine Kugel und zeichne auf ihr den größten Kreis mit dem Pol $\Pi$, der durch eine Parallelebene zum Erdäquator ausgeschnitten wird. Diese Ebene sei als Fundamentalebene (mittl. Äquin. 1950.0) gewählt. Auf diese beziehen sich die Angaben N und I. N ist dabei die Länge des aufsteigenden Knotens der Satellitenbahnebene,

I die Neigung dieser Bahnebene zur Fundamentalebene. N wird vom Frühlingspunkt aus gezählt. Eine Neigung $I < 90^{\circ}$ sagt aus, daß sich der Trabant im direkten Sinne um den Planeten bewegt.
Blickt man vom Pol $\Pi$ auf die Fundamentalebene, so ist dies eine Richtung im mathematisch positiven Sinne. $I > 90^{\circ}$ zeichnet die retrograde Bewegung aus. Der innere Trabant Triton läuft retrograd, die Nereide direkt um Neptun. Ausschlaggebend ist bei dieser Definition stets der Bezug auf die Parallelebene zum Äquator. Die Lage des Planetenpoles wird nicht berücksichtigt.
Die Größe a stellt die Länge der großen Halbachse der Bahn dar, gemessen in astronomischen Einheiten. Viele Autoren geben hierfür die mittlere Elongation des Satelliten an. Es ist dies die größtmögliche Winkelentfernung a", die der Trabant bei mittlerer Entfernung $\Delta_0$ des Planeten von der Sonne, von der Sonne aus gesehen, erreichen kann. Die Umrechnung lautet

$$a = \Delta_0 \sin a'' = \frac{\Delta_0 \, a''}{206\,264''\!.8} \qquad [1]$$

Für Triton war angegeben: $a = 16''\!.289$

Die Exzentrizität der Satellitenbahn wird durch e charakterisiert. Während Triton eine Kreisbahn besitzt, läuft Nereide in einer für Satelliten ungewöhnlich exzentrischen Bahn.
Die mittlere tägliche Bewegung des Trabanten wird mit n bezeichnet. Sie ist mit der Periode P durch die Beziehung

$$n = \frac{360^{\circ}}{P}$$

verknüpft.

---

[1] J. Bauschinger, "Die Bahnbestimmung der Himmelskörper", Leipzig 1928, S. 616.

Weiterhin kennzeichnet u die Länge des Satelliten in der Bahn, wobei u vom aufsteigenden Knoten aus gerechnet wird.
Bei Nereide kommen wegen der vorhandenen Exzentrizität noch zwei andere Begriffe an Stelle von u vor. T bedeutet die Zeit des Perineptuniumdurchganges und $\omega$ die Länge des Perineptuniums, die auch vom aufsteigenden Knoten aus gezählt wird. Die Länge u muß dann aus der Summe von $\omega$ und v (wahre Anomalie) jeweils berechnet werden.
Die Elemente für Triton wurden der Abhandlung "The orbit of Neptune's satellite and the pole of Neptune's equator" von W. S. EICHELBERGER und A. NEWTON, Washington 1926, entnommen. [1]
Die Elemente für Nereide finden sich bei G. van BIESBROECK, "The orbit of Nereid, Neptune's second satellite", 1951. [2]

## Masse von Neptun

Eine ausführliche Darstellung der einzelnen Massenbestimmungen gibt van den BOSCH in seiner Dissertationsschrift "De massa's van de groote planeten", 1927. [3]
In der Gegenwartsliteratur sind folgende Werte gebräuchlich:

1.) NEWCOMB: 1 / 19 314 (1898) [4]

Diese Größe wird noch jetzt in den astronomischen Jahrbüchern angeführt.

---

[1] Astronomical Papers, Vol. IX, Part III, S. 328-330, 335.
[2] The Astronomical Journal, Vol. 56, S. 110 u. 111.
[3] Diss. Universität Utrecht, Baarn 1927, S. 93, 94, 109-119.
[4] "Tables of the heliocentric motion of Uranus", Astronomical Papers, Vol. VII, Part III, S. 293.

2.) EICHELBERGER und NEWTON: 1 / 19 331 (1926) [1]

Dieser Wert wird im allgemeinen in neueren Spezialarbeiten benutzt. Er bildete auch die Grundlage zu meinen nachstehenden Rechnungen, hier gekennzeichnet durch "Neptunmasse I".

3.) van BIESBROECK: 1 / 18 730 (1951) [2]

4.) " " : 1 / 18 889 (1957) [3]

Beide Werte wurden auf Grund der letzten Bahnbestimmungen der Nereide abgeleitet. Die letzte Angabe von 1957 wurde von mir zum Vergleich benutzt, sie ist durch "Neptunmasse II" gekennzeichnet.

Alle Massenangaben sind in Einheiten der Sonnenmasse zu verstehen. Wir können deshalb auch schreiben:

Neptunmasse I : 0.000 051 730 38 ,

" II : 0.000 052 940 86 .

<u>Masse von Triton</u>

1.) Seth B. NICHOLSON, A. van MAANEN, H.C. WILLIS

0.09 ± 0.026 (in Einheiten der Erdmasse)

(1931) [4]

In Einheiten der Sonnenmasse ergibt das

0.000 000 273 2323 .

Dieser Wert sei mit "Tritonmasse I" bezeichnet.

---

[1] Astronomical Papers, Vol. IX, Part III, S. 329.

[2] The Astronomical Journal, Vol. 56, S. 111.

[3] " " " , " 62, S. 274.

[4] Publ. of the Astr. Soc. of the Pacific, Vol. 43, S. 262.

2.) Harold L. ALDEN (1940) [1]

0.0013 ± 0.0003 (in Einheiten der Neptunmasse).

Diese Angabe entspricht in Einheiten der Erdmasse: 0.022 .

In Einheiten der Masse unseres Erdmondes: 1.8 .

3.) Harold L. ALDEN (1943) [2]

0.00134 ± 0.00023 (in Einheiten der Neptunmasse).

Nimmt man zur Umrechnung die "Neptunmasse II", so entspricht dieser Zahl eine Tritonmasse in Sonneneinheiten von

0.000 000 070 9408 .

Dieser Wert sei mit "Tritonmasse II" bezeichnet.

In Einheiten der Erdmasse: 0.023 .

In Einheiten der Mondmasse: 1.9 .

Die Massenangaben I und II für Triton unterscheiden sich leider recht erheblich. Im ersten Fall hätte Triton eine größere Masse als Merkur und wäre etwa 7.3 mal so groß wie unser Erdmond (vgl. Landolt-Börnstein, S. 82). [3] Im zweiten Fall wäre hingegen Triton etwas kleiner als Ganymed und etwa gleich Titan. Vergleichsweise seien die Massen zweier Planeten, der vier Galilei-Monde und des größten Saturntrabanten in Einheiten unseres Erdmondes angeführt.

---

[1] "The mass of the satellite of Neptune", The Astronomical Journal, Vol. XLIX, S. 71 u. 72.

[2] "Observations of the satellite of Neptune", The Astronomical Journal, Vol. L, S. 110 u. 111.

[3] Landolt-Börnstein, "Zahlenwerte und Funktionen", III. Bd., S. 82.

Masse in Mondeinheiten

| | | | |
|---|---|---|---|
| | Merkur | 4.9 | |
| | Mars | 9.0 | |
| I | Jo | 1.17 | |
| II | Europa | 0.65 | |
| III | Ganymed | 2.07 | [1] |
| IV | Kallisto | 1.17 | |
| | Titan | 1.91 | |
| | Triton I | 7.3 | |
| | Triton II | 1.9 | |

Masse von Nereide

Gerard P. KUIPER veröffentlichte kurz nach der Entdeckung eine Abschätzung. "Da Nereide etwa 6 Größenklassen schwächer ist als Triton, ergibt sich ihr Durchmesser um 16 mal kleiner (zu rund 300 km) und ihre Masse um 4000 mal kleiner." [2] Aus später ersichtlichen Gründen interessiert uns hier lediglich ein Maximalwert des Trabanten. Es wurde deshalb bei der Umrechnung die größere Tritonmasse I benutzt.

Nereide: 0.000 00132 (in Einheiten der Neptunmasse).

---

[1] Die Angaben für Jupiter I-IV wurden Landolt-Börnstein, Bd. III, S. 82, entnommen, ebenso die des größten Saturntrabanten.

[2] "The second satellite of Neptune", Publ. of the Astr. Soc. of the Pacific, Vol. 61, S. 175 u. 176, Stanford 1949.

## § 2. Die Störungen der Sonne und des Triton auf die Nereide

Um sich einen Überblick über die Größenverhältnisse beider Störungen auf die Nereide zu verschaffen, wurde ein Verfahren entwickelt, das einen gemeinsamen Zug aufweist mit einer Methode, die erstmalig d'ALEMBERT bei Kometen anwendete, die sich sehr stark einem Planeten näherten. [1] Eine ähnliche Fragestellung führte LAPLACE 1770 zu dem Begriff der Wirkungssphäre eines Planeten, die später von TISSERAND analytisch behandelt wurde. [2 u. 3]

Als Fundamentalebene werde die in § 1 erwähnte Parallelebene zum Äquator genommen (mittl. Äquin. 1950.0). Mittelpunkt dieses planetozentrischen Systems ist das Gravitationszentrum des Neptun.

Es seien nun

| | |
|---|---|
| $x, y, z$ | die rechtwinkligen, planetozentrischen Koordinaten der Nereide, |
| $x_1, y_1, z_1$ | die rechtwinkligen, planetozentrischen Koordinaten des Triton, |
| $\xi, \eta, \zeta$ | die rechtwinkligen, planetozentrischen Koordinaten der Sonne, |
| $r$ | der Radiusvektor der Nereide, |
| $r_1$ | der Radiusvektor des Triton, |
| $\varrho$ | der Radiusvektor der Sonne, |
| $\Delta$ | der Abstand Sonne - Nereide, |
| $\Delta_1$ | der Abstand Triton - Nereide, |

---

[1] J.L. d'Alembert, "Opuscules mathématiques", T. I, S. 305, Paris 1761.

[2] P.S. Laplace, "Traité de mécanique céleste", T. IV, S. 216-218, Paris 1805.

[3] F. Tisserand, "Traité de mécanique céleste", T. IV, S. 198-201, Paris 1896.

| | |
|---|---|
| $m$ | die Masse der Sonne, |
| $m_o$ | die Masse des Neptun, |
| $m_1$ | die Masse des Triton, |
| $m_n$ | die Masse der Nereide, |
| $k$ | die Gravitationskonstante, |
| $R$ | die Störungsfunktion. |

Es lauten dann die Bewegungsgleichungen der Nereide:

$$\frac{d^2x}{dt^2} + k^2 (m_o + m_n) \frac{x}{r^3} = \frac{\partial R}{\partial x} ,$$
$$\frac{d^2y}{dt^2} + k^2 (m_o + m_n) \frac{y}{r^3} = \frac{\partial R}{\partial y} , \qquad (2.1)$$
$$\frac{d^2z}{dt^2} + k^2 (m_o + m_n) \frac{z}{r^3} = \frac{\partial R}{\partial z} . \qquad [1]$$

R ist dabei die Summe der Störungsfunktionen, die von den Störungen der Sonne, des Triton und der Abplattung des Neptun abgeleitet werden. Es sollen lediglich die beiden ersten Störungsfunktionen betrachtet werden, nämlich $R_o$ (Sonne) und $R_1$ (Triton).

$$R = R_o + R_1 ,$$
$$R_o = k^2 m \left(\frac{1}{\Delta} - \frac{x\xi + y\eta + z\zeta}{\varrho^3}\right) , \qquad (2.2)$$
$$R_1 = k^2 m_1 \left(\frac{1}{\Delta_1} - \frac{xx_1 + yy_1 + zz_1}{r_1^3}\right) .$$

---

[1] Tisserand, "Traité de mécanique céleste", T. IV, S. 3, Gleichungssystem (1).

Da die Nereide im Verhältnis zu Triton sehr klein ist, wollen wir $m_n = 0$ setzen. Für die Neptun- und Tritonmassen nehmen wir die Werte in Einheiten der Sonnenmasse, es folgt demnach $m = 1$.

Umgehen wir die Einführung der Störungsfunktion, so folgen durch partielle Differentation von R die Bewegungsgleichungen

$$\frac{d^2x}{dt^2} = -k^2 m_o \frac{x}{r^3} + k^2 \left(\frac{\xi - x}{\Delta^3} - \frac{\xi}{\varrho^3}\right) + k^2 m_1 \left(\frac{x_1 - x}{\Delta_1^3} - \frac{x_1}{r_1^3}\right) ,$$

$$\frac{d^2y}{dt^2} = -k^2 m_o \frac{y}{r^3} + k^2 \left(\frac{\eta - y}{\Delta^3} - \frac{\eta}{\varrho^3}\right) + k^2 m_1 \left(\frac{y_1 - y}{\Delta_1^3} - \frac{y_1}{r_1^3}\right) , \quad (2.3)$$

$$\frac{d^2z}{dt^2} = -k^2 m_o \frac{z}{r^3} + k^2 \left(\frac{\zeta - z}{\Delta^3} - \frac{\zeta}{\varrho^3}\right) + k^2 m_1 \left(\frac{z_1 - z}{\Delta_1^3} - \frac{z_1}{r_1^3}\right) .$$

Die Gleichungen (2.3) stellen somit die planetozentrische Bewegung der Nereide dar unter dem Einfluß der Hauptkraft Neptunanziehung A, der störenden Kraft der Sonne S und der störenden Kraft des Triton T.

Diese Kräfte lauten:

$$A = k^2 m_o \sqrt{\frac{x^2 + y^2 + z^2}{r^6}} = \frac{k^2 m_o}{r^2} ,$$

$$S = k^2 \sqrt{\left(\frac{\xi - x}{\Delta^3} - \frac{\xi}{\varrho^3}\right)^2 + \left(\frac{\eta - y}{\Delta^3} - \frac{\eta}{\varrho^3}\right)^2 + \left(\frac{\zeta - z}{\Delta^3} - \frac{\zeta}{\varrho^3}\right)^2} , \quad (2.4)$$ [1]

[1] Vgl. Tisserand, "Traité de mécanique céleste", T. IV, S. 199.

$$T = k^2 m_1 \sqrt{\left(\frac{x_1-x}{\Delta_1^3} - \frac{x_1}{r_1^3}\right)^2 + \left(\frac{y_1-y}{\Delta_1^3} - \frac{y_1}{r_1^3}\right)^2 + \left(\frac{z_1-z}{\Delta_1^3} - \frac{z_1}{r_1^3}\right)^2} \quad . \qquad (2.5)$$

Die Störungskräfte S und T sollen nun gegenseitig abgewogen werden. Hierzu werden für den jeweiligen Zeitpunkt t die rechtwinkligen Koordinaten von Triton und Nereide, ferner die planetozentrischen Koordinaten der Sonne benötigt.

Berechnung der Koordinaten der Nereide:

Bezeichnen wir mit

M die mittlere Anomalie,
E die exzentrische Anomalie,
v die wahre Anomalie,

so besteht folgender Zusammenhang zwischen diesen Größen:

$$M = n\,(t - T) \quad , \qquad (2.6)$$

$$M = E - e \sin E \quad , \qquad (2.7)$$

$$\operatorname{tg} \frac{1}{2} v = \sqrt{\frac{1+e}{1-e}} \operatorname{tg} \frac{1}{2} E \quad . \qquad (2.8)$$

Der Radiusvektor r ergibt sich aus:

$$r = a\,(1 - e \cos E) \quad . \qquad (2.9)$$ [1]

Die Länge des Satelliten in der Bahn war:

$$u = v + \omega \quad . \qquad (2.10)$$

Aus diesen jeweils zu berechnenden Werten ergeben sich schließ-

[1] J. Bauschinger, "Die Bahnbestimmung der Himmelskörper", S. 138 u. 139. Die Gleichung (2.11) entspricht System (10) S. 28 im gleichen Werk.

lich die rechtwinkligen, planetozentrischen Koordinaten x, y, z der Nereide:

$$\begin{aligned} x &= r \sin c_1 \sin(C_1 + u) , \\ y &= r \sin c_2 \sin(C_2 + u) , \qquad (2.11) \\ z &= r \sin c_3 \sin(C_3 + u) . \end{aligned}$$

In den Gleichungen (2.11) bedeuten die Größen $c_1$, $c_2$, $c_3$, $C_1$, $C_2$, $C_3$ die Gauß'schen Konstanten. Ihre Berechnung wird für ein Elementensystem nur einmal durchgeführt auf Grund der folgenden Beziehungen:

$$\begin{aligned} \sin c_1 \sin C_1 &= \cos N , \\ \sin c_1 \cos C_1 &= -\cos I \sin N , \\ \cos c_1 &= \sin I \sin N , \\[6pt] \sin c_2 \sin C_2 &= \sin N , \\ \sin c_2 \cos C_2 &= \cos I \cos N , \qquad (2.12)\ [1] \\ \cos c_2 &= -\sin I \cos N , \\[6pt] \sin c_3 \sin C_3 &= 0 , \\ \sin c_3 \cos C_3 &= \sin I , \\ \cos c_3 &= \cos I . \end{aligned}$$

Kontrollformeln:

$$\begin{aligned} \sin^2 c_1 + \sin^2 c_2 + \sin^2 c_3 &= 2 , \\ \cos^2 c_1 + \cos^2 c_2 + \cos^2 c_3 &= 1 , \qquad (2.13)\ [2] \\ \frac{\sin c_2 \sin c_3 \sin(C_2 - C_3)}{\sin c_1 \cos C_1} &= -\operatorname{tg} I . \end{aligned}$$

---

[1] J. Bauschinger, "Die Bahnbestimmung der Himmelskörper", S. 28, Gleichungssystem (10).

[2] l.c., S. 29, Nr. (11).

Die Gauß'schen Konstanten lauten für Nereide (1950.0):

$$\begin{aligned} c_1 &= 92^\circ\ 15'\ 21'' \\ c_2 &= 117^\circ\ 44'\ 33'' \\ c_3 &= 27^\circ\ 51'\ 0'' \\ C_1 &= 85^\circ\ 43'\ 27'' \\ C_2 &= 354^\circ\ 32'\ 14'' \\ C_3 &= 0^\circ\ 0'\ 0'' \end{aligned} \qquad (2.14)$$

Als Näherungslösung für die Keplersche Gleichung (2.7) wurden die dreistelligen Werte von E der Tafel von ASTRAND entnommen. [1] Im üblichen Näherungsverfahren wurde E auf $0\overset{\circ}{.}0001$ bestimmt. [2] Zur Kontrolle wurden die Werte v der Gleichung (2.8) mit den Näherungswerten der Tafel von SCHLESINGER und UDICK verglichen. [3] Für die trigonometrischen Funktionen wurde die Tafel von PETERS benutzt. [4]

Berechnung der Koordinaten des Triton:

Die Gauß'schen Konstanten lauten für Triton (1950.0):

$$\begin{aligned} c_1 &= 106^\circ\ 13'\ 22\overset{''}{.}3 \\ c_2 &= 28^\circ\ 19'\ 52\overset{''}{.}1 \\ c_3 &= 112^\circ\ 33'\ 28\overset{''}{.}8 \\ C_1 &= 263^\circ\ 3'\ 28\overset{''}{.}8 \\ C_2 &= 320^\circ\ 23'\ 48\overset{''}{.}9 \\ C_3 &= 0^\circ\ 0'\ 0\overset{''}{.}0 \end{aligned} \qquad (2.15)$$

Wegen der vorhandenen Kreisbahn des Trabanten entfällt hier die

---

[1] J.J. Astrand, "Hülfstafeln zur leichten und genauen Auflösung des Kepler'schen Problems", Leipzig 1890.

[2] G. Stracke, "Bahnbestimmung der Planeten und Kometen", S. 203.

[3] Publ. of the Allegheny observatory, Vol. II, No. 17.

[4] J. Peters, "Sechsstellige Tafel der trig. Funktionen".

Lösung der Keplerschen Gleichung. Die Länge u des Satelliten in der Bahn setzt sich nach den Tafeln von EICHELBERGER und NEWTON aus den Größen $u_\psi$ und $\psi$ zusammen. [1] Dabei ist $u_\psi$ die Länge des Satelliten, gezählt vom aufsteigenden Knoten der Bahn auf dem Neptunäquator. $\psi$ stellt den Winkel zwischen dem aufsteigenden Knoten der Bahn auf der Fundamentalebene und dem aufsteigenden Knoten auf dem Neptunäquator dar. Beide Größen sind von Jahr zu Jahr tabuliert und können bequem interpoliert werden.

Die Rechnung beschränkt sich hier lediglich auf die Gleichungen (2.11), wobei weiterhin günstig ist, daß r unabhängig von der Zeit ist.

Hiernach bleiben die folgenden Größen unverändert:

$$r \sin c_1 = 0.002\,280$$
$$r \sin c_2 = 0.001\,127$$
$$r \sin c_3 = 0.002\,193\,.$$

Berechnung der Koordinaten der Sonne:

Da die planetozentrischen Koordinaten der Sonne gleich den heliozentrischen Koordinaten des Neptun mit dem umgekehrten Vorzeichen sind, kann man diese Werte den Tafeln von ECKERT, BROUWER und CLEMENCE entnehmen. Es stehen dort die rechtwinkligen, äquatorialen Neptunkoordinaten von 1653 bis 2060 in 40-tägigen Intervallen zur Verfügung (mittl. Äquin. 1950.0). [2]

Zur Interpolation wurde die Formel von EVERETT-LAPLACE benutzt. [3]

---

[1] Astronomical Papers, Vol. IX, Part III, S. 335.
[2] " " " , Vol. XII, S. 194-255.
[3] R. Zurmühl, "Praktische Mathematik", S. 186.

Führt man außer t die Komplementveränderliche

$$s = 1 - t$$

ein, so gilt

$$\begin{aligned} y(t) \;=\; & s\,y_0 + \binom{s+1}{3}\delta^2 y_0 + \binom{s+2}{5}\delta^4 y_0 + \ldots \\ & + t\,y_1 + \binom{t+1}{3}\delta^2 y_1 + \binom{t+2}{5}\delta^4 y_1 + \ldots \end{aligned} \tag{2.16}$$

Die Größen $\delta$ sind dabei die zentralen Differenzen. Im Tafelwerk sind nun die zweiten und vierten Differenzen angegeben, ebenso deren Koeffizienten für das 40-tägige Intervall.

Da die Koordinaten nur sechsstellig benötigt wurden, genügte das Mitnehmen der zweiten Differenzen. Die entsprechenden Koeffizienten $\binom{s+1}{3}$ und $\binom{t+1}{3}$ sind im betreffenden Werk mit $E_0''$ und $E_1''$ bezeichnet und tabuliert. [1] Lediglich ist stets das umgekehrte Vorzeichen anzubringen.

Berechnung der Störungskraft S:

Der Ausdruck S wurde nun zu verschiedenen Zeitpunkten untersucht. Zunächst wurde das Maximum der Entfernung Sonne - Nereide festgestellt, das nach 1950.0 eintritt.

Koordinaten der Nereide:

| 1950 | x | y | z |
|---|---|---|---|
| Jan. 10 | - 0.017 286 | + 0.018 784 | + 0.009 120 |
| 18 | - 0.017 082 | + 0.012 184 | + 0.005 654 |
| 23 | - 0.016 143 | + 0.007 467 | + 0.003 213 |
| 24 | - 0.015 841 | + 0.006 464 | + 0.002 698 |
| 25 | - 0.015 491 | + 0.005 442 | + 0.002 175 |
| 26.3 | - 0.014 954 | + 0.004 084 | + 0.001 485 |
| 27 | - 0.014 623 | + 0.003 341 | + 0.001 108 |

---

[1] Astronomical Papers, Vol. XII, S. XXXI.

Koordinaten der Sonne:

| 1950 | $\xi$ | $\eta$ | $\zeta$ |
|---|---|---|---|
| Jan. 10 | + 29.185 219 | + 7.749 726 | + 2.439 967 |
| 18 | + 29.178 615 | + 7.771 892 | + 2.449 212 |
| 23 | + 29.174 478 | + 7.785 743 | + 2.454 990 |
| 24 | + 29.173 650 | + 7.788 513 | + 2.456 145 |
| 25 | + 29.172 821 | + 7.791 282 | + 2.457 301 |
| 26.3 | + 29.171 743 | + 7.794 883 | + 2.458 803 |
| 27 | + 29.171 163 | + 7.796 822 | + 2.459 611 |

Entfernungen Sonne - Nereide:

| 1950 | | |
|---|---|---|
| Jan. 10 | 30.306 151 | |
| 18 | 30.307 965 | |
| 23 | 30.308 500 | |
| 24 | 30.308 515 | Maximum Sonne - Nereide |
| 25 | 30.308 489 | |
| 26.3 | 30.308 386 | |
| 27 | 30.308 294 | |

Die Entfernungen Sonne - Nereide errechneten sich dabei aus der Beziehung

$$\Delta = \left((\xi-x)^2 + (\eta-y)^2 + (\zeta-z)^2\right)^{\frac{1}{2}} .$$

Aus Vergleichsgründen sind nachstehend nur die Wurzelausdrücke $S_o$ der Gleichung (2.4) angeführt, wobei

$$S_o = \frac{S}{k^2}$$

darstellt. Die Entfernung Neptun - Sonne errechnete sich aus

$$\varrho = \left(\xi^2 + \eta^2 + \zeta^2\right)^{\frac{1}{2}}$$

Die Umwandlung der Werte $\Delta^2$ in $1/\Delta^3$ und $\varrho^2$ in $1/\varrho^3$ geschah in bequemer Weise mit den Tafeln von KUEHNE. [1] Da in der Tafel nur die Argumente von 1.00 bis 100.00 angegeben sind,

[1] E.E. Kühne, "Tafel für $r^{-3}$ mit dem Argument $r^2$, ($r^2$ von 1 - 100), Berlin 1953.

wurden die $10^{-3}$-fachen Tafelwerte der mit $10^{-2}$ multiplizierten Argumente verwendet.

$S_o$ für die Umgebung des Maximums Sonne - Nereide:

| 1950 | $S_o$ |
|---|---|
| Jan. 23 | 0.000 001 067 |
| 24 | 0.000 001 051 |
| 25 | 0.000 001 036 |
| 26.3 | 0.000 000 994 |

Hiernach ist bei dieser extremalen Stellung des störenden Körpers kein Minimum bei $S_o$ bzw. bei S festzustellen.

Ein solcher Extremwert war hingegen bei 1950 Febr. 10, wie aus nachstehender Übersicht ersichtlich ist.

Koordinaten der Nereide:

| 1950 | x | y | z |
|---|---|---|---|
| Feb. 9 | + 0.000 330 | - 0.008 102 | - 0.004 251 |
| 10 | + 0.002 050 | - 0.008 215 | - 0.004 233 |
| 11 | + 0.003 733 | - 0.008 176 | - 0.004 139 |

Koordinaten der Sonne:

| 1950 | $\xi$ | $\eta$ | $\zeta$ |
|---|---|---|---|
| Feb. 9 | + 29.160 355 | + 7.832 819 | + 2.474 628 |
| 10 | + 29.159 521 | + 7.835 587 | + 2.475 783 |
| 11 | + 29.158 687 | + 7.838 355 | + 2.476 937 |

Entfernungen Sonne - Nereide und Sonne - Neptun:

| 1950 | $\Delta$ | $\varrho$ | |
|---|---|---|---|
| Feb. 9 | 30.297 392 | 30.295 266 | |
| 10 | 30.295 772 | 30.295 273 | (x) |
| 11 | 30.294 143 | 30.295 281 | |

| 1950 | $S_o$ | |
|---|---|---|
| Feb. 9 | 0.000 000 360 770 | |
| 10 | 0.000 000 342 685 | Minimum |
| 11 | 0.000 000 357 308 | |

Das obige Verfahren ergibt ein Minimum der Funktion $S_o$ bei

1950 Feb. 10. Dieser Zeitpunkt ist identisch mit dem geringsten Unterschied zwischen $\Delta$ und $\varrho$, wie aus (x) hervorgeht.

Minimum der Entfernung Sonne - Nereide:

Koordinaten der Nereide:

| 1950 | | x | y | z |
|---|---|---|---|---|
| Mai | 18 | + 0.032 605 | + 0.039 951 | + 0.022 485 |
| | 19 | + 0.032 519 | + 0.040 268 | + 0.022 648 |
| | 20 | + 0.032 423 | + 0.040 586 | + 0.022 811 |
| | 21 | + 0.032 329 | + 0.040 898 | + 0.022 972 |
| | 22 | + 0.032 231 | + 0.041 206 | + 0.023 129 |
| | 23 | + 0.032 131 | + 0.041 512 | + 0.023 285 |
| | 24 | + 0.032 022 | + 0.041 816 | + 0.023 441 |

Koordinaten der Sonne:

| 1950 | | $\xi$ | $\eta$ | $\zeta$ |
|---|---|---|---|---|
| Mai | 18 | + 29.077 228 | + 8.103 686 | + 2.587 667 |
| | 19 | + 29.076 365 | + 8.106 445 | + 2.588 819 |
| | 20 | + 29.075 501 | + 8.109 204 | + 2.589 971 |
| | 21 | + 29.074 638 | + 8.111 964 | + 2.591 123 |
| | 22 | + 29.073 773 | + 8.114 723 | + 2.592 275 |
| | 23 | + 29.072 909 | + 8.117 482 | + 2.593 427 |
| | 24 | + 29.072 044 | + 8.120 241 | + 2.594 579 |

Entfernungen Sonne - Nereide:

| 1950 | | $\Delta$ | |
|---|---|---|---|
| Mai | 18 | 30.252 175 | |
| | 19 | 30.252 164 | |
| | 20 | 30.252 162 | |
| | 21 | 30.252 161 | Minimum Sonne - Nereide |
| | 22 | 30.252 163 | |
| | 23 | 30.252 169 | |
| | 24 | 30.252 183 | |

$S_0$ für die Umgebung des Minimums Sonne - Nereide:

| 1950 | | $S_0$ |
|---|---|---|
| Mai | 20 | 0.000 003 425 |
| | 21 | 0.000 003 429 |
| | 22 | 0.000 003 434 |

Auch bei dieser extremalen Stellung ist kein Maximum der Funktion $S_0$. Dieser Wert wurde bei 1950 Juni 12 gefunden.

Koordinaten der Nereide:

| 1950 | x | y | z |
|---|---|---|---|
| Juni 11 | + 0.029 765 | + 0.046 661 | + 0.025 891 |
| 12 | + 0.029 615 | + 0.046 901 | + 0.026 011 |
| 13 | + 0.029 466 | + 0.047 135 | + 0.026 127 |

Koordinaten der Sonne:

| 1950 | $\xi$ | $\eta$ | $\zeta$ |
|---|---|---|---|
| Juni 11 | + 29.056 428 | + 8.169 886 | + 2.615 306 |
| 12 | + 29.055 557 | + 8.172 643 | + 2.616 457 |
| 13 | + 29.054 686 | + 8.175 400 | + 2.617 608 |

Entfernungen Sonne - Nereide und Sonne - Neptun:

| 1950 | $\Delta$ | $\varrho$ |
|---|---|---|
| Juni 11 | 30.252 921 | 30.296 252 |
| 12 | 30.252 990 | 30.296 259 |
| 13 | 30.253 064 | 30.296 267 |

| 1950 | $S_o$ | |
|---|---|---|
| Juni 11 | 0.000 003 495 | |
| 12 | 0.000 003 501 | Maximum |
| 13 | 0.000 003 481 | |

Es ergibt sich hiernach ein Maximum der Funktion $S_o$ bei 1950 Juni 12. Ein Extremum bei den Differenzen von $\Delta$ und $\varrho$ ist an dieser Stelle nicht vorhanden. Es schwankt also die Funktion $S_o$ in diesem gewählten Zeitabschnitt zwischen den Extremwerten

| 1950 | $S_o$ | | |
|---|---|---|---|
| Feb. 10 | 0.000 000 343 | und | |
| Juni 12 | 0.000 003 501 | . | (2.17) |

<u>Berechnung der Störungskraft T:</u>

Es wurden zunächst nur die Wurzelausdrücke $T_o$ der Gleichung (2.5) berechnet, wobei

$$T_0 = \frac{T}{k^2 m_1}$$

darstellt. Die Entfernungen Triton - Nereide und Neptun - Triton errechnen sich dabei aus

$$\Delta_1 = \left((x_1-x)^2 + (y_1-y)^2 + (z_1-z)^2\right)^{\frac{1}{2}} \quad \text{und}$$

$$r_1 = \left(x_1^2 + y_1^2 + z_1^2\right)^{\frac{1}{2}}$$

<u>Maximum der Entfernung Triton - Nereide:</u>

Koordinaten der Nereide:

| 1950 | x | y | z |
|---|---|---|---|
| Aug. 6.0 | + 0.018 983 | + 0.055 182 | + 0.029 897 |
| 7.6 | + 0.018 614 | + 0.055 284 | + 0.029 934 |
| 7.7 | + 0.018 591 | + 0.055 290 | + 0.029 936 |
| 7.8 | + 0.018 568 | + 0.055 296 | + 0.029 938 |
| 7.9 | + 0.018 544 | + 0.055 302 | + 0.029 941 |
| 8.0 | + 0.018 521 | + 0.055 308 | + 0.029 943 |
| 8.3 | + 0.018 452 | + 0.055 325 | + 0.029 949 |

Koordinaten des Triton:

| 1950 | $x_1$ | $y_1$ | $z_1$ |
|---|---|---|---|
| Aug. 6.0 | + 0.002 247 | + 0.000 439 | - 0.000 629 |
| 7.6 | - 0.000 695 | - 0.001 089 | - 0.001 992 |
| 7.7 | - 0.000 923 | - 0.001 114 | - 0.001 883 |
| 7.8 | - 0.001 141 | - 0.001 126 | - 0.001 753 |
| 7.9 | - 0.001 344 | - 0.001 125 | - 0.001 602 |
| 8.0 | - 0.001 533 | - 0.001 111 | - 0.001 433 |
| 8.3 | - 0.001 987 | - 0.000 995 | - 0.000 837 |

Entfernungen Triton - Nereide:

| 1950 | $\Delta_1$ | |
|---|---|---|
| Aug. 6.0 | 0.064 875 | |
| 7.6 | 0.067 602 | |
| 7.7 | 0.067 636 | |
| 7.8 | 0.067 648 | Maximum |
| 7.9 | 0.067 635 | |
| 8.0 | 0.067 600 | |
| 8.3 | 0.067 361 | |

Minimum der Entfernung Triton - Nereide:

Koordinaten der Nereide:

| 1950 | x | y | z |
|---|---|---|---|
| Feb. 6.35 | - 0.004 160 | - 0.006 993 | - 0.003 867 |
| 6.5 | - 0.003 917 | - 0.007 086 | - 0.003 905 |
| 6.6 | - 0.003 753 | - 0.007 147 | - 0.003 930 |
| 6.7 | - 0.003 589 | - 0.007 205 | - 0.003 953 |
| 6.8 | - 0.003 424 | - 0.007 263 | - 0.003 976 |
| 7.0 | - 0.003 092 | - 0.007 372 | - 0.004 019 |
| 7.3 | - 0.002 589 | - 0.007 525 | - 0.004 077 |

Koordinaten des Triton:

| 1950 | $x_1$ | $y_1$ | $z_1$ |
|---|---|---|---|
| Feb. 6.35 | - 0.000 534 | - 0.001 065 | - 0.002 054 |
| 6.5 | - 0.000 882 | - 0.001 110 | - 0.001 905 |
| 6.6 | - 0.001 101 | - 0.001 125 | - 0.001 778 |
| 6.7 | - 0.001 308 | - 0.001 126 | - 0.001 631 |
| 6.8 | - 0.001 500 | - 0.001 115 | - 0.001 466 |
| 7.0 | - 0.001 830 | - 0.001 054 | - 0.001 086 |
| 7.3 | - 0.002 165 | - 0.000 875 | - 0.000 430 |

Entfernungen Triton - Nereide:

| 1950 | $\Delta_1$ | |
|---|---|---|
| Feb. 6.35 | 0.007 182 | |
| 6.5 | 0.006 995 | |
| 6.6 | 0.006 923 | |
| 6.7 | 0.006 896 | <u>Minimum</u> |
| 6.8 | 0.006 914 | |
| 7.0 | 0.007 079 | |
| 7.3 | 0.007 596 | |

Für den endgültigen Vergleich sind nun die Werte von T und S angeführt. Hierbei sei $T_1$ die mit der "Tritonmasse I" (vgl. S. 14), $T_2$ die mit der "Tritonmasse II" (vgl. S. 15) gerechnete Größe.

Maximum der Entfernung Triton - Nereide:

1950

| Aug. 7.8 | $S$ | = | $0.000\ 003\ 232\ k^2$ |
|---|---|---|---|
| | $T_1$ | = | $0.048\ 415\ k^2$ |
| | $T_2$ | = | $0.012\ 570\ k^2$ |

Minimum der Entfernung Triton - Nereide:

1950

| Feb. 6.7 | $S$ | = | $0.000\ 000\ 475\ k^2$ |
|---|---|---|---|
| | $T_1$ | = | $0.053\ 325\ k^2$ |
| | $T_2$ | = | $0.013\ 845\ k^2$ |

Die Überlegenheit der Tritonstörungen macht sich noch stärker bemerkbar, wenn man bedenkt, daß S lediglich zwischen den Werten

$$0.000\ 000\ 343\ k^2 \quad \text{und}$$

$$0.000\ 003\ 501\ k^2$$

schwankt, wenn man (2.17) beachtet.

## § 3. Spezielle Störungen im Perineptunium der Nereide durch Triton

Da in der Nähe des Perineptuniums der Bahn der Nereide gleichzeitig der Ort der größten Annäherung zwischen den beiden Trabanten liegt, sollen zunächst die speziellen Störungen bei Nereide in dieser Umgebung bestimmt werden. Da hier nur die Größenordnung der Störungen interessiert, eignet sich für diesen Zweck das Verfahren von ENCKE, wobei zwei entscheidende Vernachlässigungen in der Durchführung gemacht wurden, die die Rechnung wesentlich abkürzten.

Die Methode von ENCKE wurde eingehend von STRACKE behandelt. [1] Ich gehe deshalb lediglich auf die Punkte ein, die sich bei dem vorliegenden Satellitenproblem ändern.

Es seien

| | | |
|---|---|---|
| $s = x,\ y,\ z$ | die gestörten, rechtwinkligen Koordinaten der Nereide, |
| $s^o = x^o,\ y^o,\ z^o$ | die ungestörten, rechtwinkligen Koordinaten der Nereide, |
| $\sigma = s - s^o$ | |
| $= \xi',\ \eta',\ \zeta'$ | die Störungen in den rechtwinkligen Koordinaten, |
| $s_1 = x_1,\ y_1,\ z_1$ | die rechtwinkligen Koordinaten des störenden Trabanten Triton. |

Dann lauten die Differentialgleichungen für die gestörten Koordinaten:

$$\frac{d^2 s}{dt^2} = - k^2 m_o \frac{s}{r^3} + k^2 m_1 \left(\frac{s_1 - s}{\Delta_1^3} - \frac{s_1}{r_1^3}\right) \quad . \qquad (3.1)$$

Es sind das dieselben Gleichungen wie System (2.3), nur fehlen hier die Störungen der Sonne.

In den Gleichungen für die ungestörte Bewegung der Nereide müssen wir $m_1 = 0$ setzen.

Diese Gleichungen haben die Form:

$$\frac{d^2 s^o}{dt^2} = - k^2 m_o \frac{s^o}{r^{o3}} \quad . \qquad (3.2)$$

---

[1] G. Stracke, "Bahnbestimmung der Planeten und Kometen", Berlin 1929; S. 261 - 272.

Hierbei bedeuten

$$
\begin{aligned}
r^{o2} &= x^{o2} + y^{o2} + z^{o2} \quad ,\\
r^2 &= x^2 + y^2 + z^2 \quad ,\\
r_1^2 &= x_1^2 + y_1^2 + z_1^2 \quad ,\\
\Delta_1^2 &= (x_1-x)^2 + (y_1-y)^2 + (z_1-z)^2 \quad .
\end{aligned}
$$

Subtrahiert man die Gleichungen (3.2) von (3.1) und führt das Zeitintervall w ein, so erhält man

$$w^2 \frac{d^2\sigma}{dt^2} = w^2k^2m_1 \left(\frac{s_1-s}{\Delta_1^3} - \frac{s_1}{r_1^3}\right) + w^2k^2m_o \left(\frac{s^o}{r^{o3}} - \frac{s}{r^3}\right) \quad . \qquad (3.3)$$

Die Gleichungen (3.3) sind die fundamentalen Differentialgleichungen für die Störungsbeträge, die an die ungestörten Koordinaten anzubringen sind, wenn man die gestörten gewinnen will. Sie sind der Form nach identisch mit den Gleichungen Nr. (1) bei STRACKE, lediglich für das Satellitenproblem umgeformt. [1]

Die Fundamentalgleichungen (3.3) werden somit die Form annehmen

$$w^2 \frac{d^2\sigma}{dt^2} = w^2k^2m_1 \left(\frac{s_1-s}{\Delta_1^3} - \frac{s_1}{r_1^3}\right) + w^2k^2m_o \frac{1}{r^{o3}} (fqs - \sigma). \qquad (3.4)$$

Die Integration dieser Störungsgleichungen wurde ausführlich von STRACKE geschildert. [2]

Zwei wesentliche Änderungen wurden in der folgenden Durchführung gemacht. Es ist lediglich mit dem direkten Glied gerechnet worden. Im Gegensatz zum Planetenproblem steht hier vor dem indirekten Glied der relativ kleine Faktor $m_o$, der die ursprüngliche

---

[1] G. Stracke, "Bahnbestimmung", S. 261.

[2] G. Stracke, "Bahnbestimmung", § 85 a, S. 262 - 263.

Bedeutung dieses Ausdruckes zunichte macht. Da aus Vergleichsgründen nur die Größenordnung der Störungen gesucht wird, soll allgemein im direkten Glied

$$s = s^o$$

gelten. Die daraus entstehenden Vernachlässigungen sollen am Ende dieses Abschnittes betrachtet werden.

Auf Grund dieser beiden Abänderungen reduziert sich das obige Problem auf die Integration der folgenden Differentialgleichungen:

$$w^2 \frac{d^2\sigma}{dt^2} = w^2k^2m_1 \left(\frac{s_1 - s^o}{\Delta_o^3} - \frac{s_1}{r_1^3}\right) , \tag{3.5}$$

wobei

$$\Delta_o^2 = (x_1 - x^o)^2 + (y_1 - y^o)^2 + (z_1 - z^o)^2$$

ist.

Wollen wir die Störungen in der 7. Dezimale berechnen, so müssen für die Argumente $a + nw$ die Werte

$$F\ (a+nw) = w^2 \frac{d^2\sigma_n}{dt^2} = 10^7\ w^2k^2m_1 \left(\frac{s_{1n} - s_n^o}{\Delta_{on}^3} - \frac{s_{1n}}{r_{1n}^3}\right) \tag{3.6}$$

gebildet werden.

Läßt man weiterhin die Oskulationsepoche mit $a - \frac{1}{2}w$ zusammenfallen, so ergeben sich folgende Formeln der numerischen Integration:

$$f\,(a + nw) = \sigma_n = {}^{II}F\,(a + nw) + 1/12\;F\,(a + nw) - 1/240\;F^{II}\,(a + nw) + \ldots\,, \qquad (3.7)$$

$$^{I}F\,(a - \tfrac{1}{2}w) = -\,1/24\;F^{I}(a - \tfrac{1}{2}w) + 17/5760\;F^{III}(a - \tfrac{1}{2}w) - \ldots\,,$$

$$^{II}F\,(a) = 1/24\;F\,(a - w) - 17/5760\,(2\,F^{II}(a-w) + F^{II}(a)) + \ldots \qquad (3.8)$$

[1]

Aus den Formeln (3.8) leiten sich die ersten Glieder der summierten Reihen ab. Die Summen- und Differenzenreihen des Integrationstableaus können damit gebildet werden.
Formel (3.7) ergibt dann die Störungswerte $\sigma_n$.

Bei der Ephemeridenrechnung für die ungestörten Koordinaten der Nereide wurden die Elemente der Seite 11 benutzt. Die Gauß'schen Konstanten der Seite 22, (2.14), kamen damit zur Anwendung.
Als Elemente des störenden Körpers Triton wurden ebenfalls die Angaben der Seite 11 genommen, lediglich die Elemente N und I erfuhren eine Abänderung, die in § 5 näher begründet wird.

Neue Elemente N und I für Triton:

$$N = 197^{\circ}\,51'\,25''$$
$$I = 112^{\circ}\,29'\,31''$$

---

[1] G. Stracke, "Bahnbestimmung", S. 263. - Gl. (3.7) und (3.8) entsprechen (7) und (8) bei Stracke.

Aus diesen Abänderungen ergeben sich die folgenden Gauß'schen Konstanten:

$$c_1 = 106^\circ\ 27'\ 30''$$
$$c_2 = 28^\circ\ 25'\ 38''$$
$$c_3 = 112^\circ\ 29'\ 31''$$
$$C_1 = 262^\circ\ 58'\ 27''$$
$$C_2 = 319^\circ\ 53'\ 53''$$
$$C_3 = 0^\circ\ 0'\ 0''$$

Wegen der Kreisbahn des Triton bleiben wiederum konstant:

$$r \sin c_1 = 0.002\ 277$$
$$r \sin c_2 = 0.001\ 131$$
$$r \sin c_3 = 0.002\ 194$$

Als Oskulationsepoche wurde gewählt:

1951 Jan. 31.625

Als Zeitintervall w mußte 6 Stunden genommen werden.

Die Rechnung wurde sechsstellig durchgeführt.

Die Störungswerte $\sigma_n$ erscheinen in Einheiten der 7. Dezimale.

## Zusammenstellung der Störungsbeträge

| Argument | $\Delta_o$ | $r^o$ | $\xi'$ | $\eta'$ | $\zeta'$ |
|---|---|---|---|---|---|
| a - 2w | 0.0069 | 0.00910 | + 8 | + 5 | + 5 |
| a - w | 0.0069 | 0.00905 | + 1 | + 1 | 0 |
| a | 0.0072 | 0.00901 | + 1 | + 1 | 0 |
| a + w | 0.0077 | 0.00898 | + 9 | + 5 | + 3 |
| a + 2w | 0.0083 | 0.00896 | + 26 | + 12 | + 5 |
| a + 3w | 0.0090 | 0.00894 | + 52 | + 22 | + 6 |
| a + 4w | 0.0096 | 0.00894 | + 85 | + 33 | + 2 |
| a + 5w | 0.0102 | 0.00895 | + 125 | + 44 | - 7 |
| a + 6w | 0.0106 | 0.00896 | + 169 | + 53 | - 24 |
| a + 7w | 0.0109 | 0.00899 | + 217 | + 60 | - 48 |
| a + 8w | 0.0111 | 0.00902 | + 265 | + 65 | - 80 |
| a + 9w | 0.0110 | 0.00907 | + 311 | + 65 | - 120 |
| a + 10w | 0.0109 | 0.00912 | + 353 | + 62 | - 166 |
| a + 11w | 0.0106 | 0.00918 | + 390 | + 55 | - 218 |
| a + 12w | 0.0102 | 0.00925 | + 419 | + 44 | - 272 |
| a + 13w | 0.0098 | 0.00933 | + 441 | + 31 | - 328 |
| a + 14w | 0.0093 | 0.00941 | + 454 | + 15 | - 383 |
| a + 15w | 0.0088 | 0.00951 | + 458 | - 1 | - 434 |
| a + 16w | 0.0084 | 0.00961 | + 455 | - 17 | - 481 |
| a + 17w | 0.0082 | 0.00971 | + 446 | - 31 | - 521 |
| a + 18w | 0.0082 | 0.00982 | + 432 | - 43 | - 553 |
| a + 19w | 0.0083 | 0.00995 | + 416 | - 51 | - 577 |
| a + 20w | 0.0089 | 0.01006 | + 400 | - 55 | - 593 |
| a + 21w | 0.0094 | 0.01019 | + 386 | - 55 | - 600 |
| a + 22w | 0.0101 | 0.01033 | + 376 | - 50 | - 601 |
| a + 23w | 0.0107 | 0.01047 | + 371 | - 40 | - 598 |
| a + 24w | 0.0114 | 0.01062 | + 374 | - 26 | - 591 |
| a + 25w | 0.0120 | 0.01077 | + 385 | - 9 | - 583 |
| a + 26w | 0.0125 | 0.01092 | + 404 | + 10 | - 576 |
| a + 27w | 0.0129 | 0.01108 | + 431 | + 31 | - 572 |
| a + 28w | 0.0131 | 0.01123 | + 465 | + 52 | - 574 |
| a + 29w | 0.0132 | 0.01140 | + 504 | + 71 | - 582 |
| a + 30w | 0.0132 | 0.01157 | + 548 | + 89 | - 598 |

Zur Durchführung der Ephemeridenrechnung für Triton und Nereide wurde das zweite Verfahren von COWELL benutzt. Da auch diese Methode bei STRACKE in § 76 b angeführt ist, beschränke ich mich lediglich auf die Anführung einiger Abänderungen. [1]
Als Fundamentalgleichungen gelten für beide Satelliten

$$w^2 \frac{d^2 s^o}{dt^2} = - w^2 k^2 m_o \frac{s^o}{r^{o3}} \quad . \qquad (3.9)$$

Hier sind die Werte $s^o$ entweder die ungestörten Koordinaten der Nereide oder die Koordinaten des Triton. Es sind dieselben Gleichungen wie (3.2) auf Seite 32. Sie entsprechen dem System (1) S. 229 bei STRACKE.
Sind nun für die beiden Argumente $a$ und $a + w$ die Funktionswerte

$$f(a) = s_o = x_o, y_o, z_o \quad ,$$

$$f(a + w) = s_1 = x_1, y_1, z_1$$

bekannt, so lauten nach COWELL die Funktionswerte für das Argument $a + 2w$

$$s_2 = f(a + 2w) = {}^{II}F\ (a + 2w) + 1/12\ F\ (a + 2w) - 1/240\ F^{II}\ (a + 2w) + \dots \quad . \qquad (3.10)$$ [2]

In Gl. (3.10) kann ${}^{II}F\ (a + 2w)$ direkt dem F - Schema entnommen werden, das durch die Beziehung aufgestellt wurde

$$F\ (a) = - w^2 k^2 m_o \frac{s_o}{r_o^{\,3}} \quad . \qquad (3.11)$$

[1] G. Stracke, "Bahnbestimmung", S. 230 - 233, 237 - 238.
[2] G. Stracke, l.c.; (3.10) entspricht (VII) S. 238.

Nehmen wir an, es steht nach den üblichen Näherungsschritten der Anfang des Integrationsverfahrens. Es sind dann noch immer die Werte F (a +2w) und $F^{II}$ (a + 2w) unbekannt, ebenso sämtliche höheren Differenzen. Diese müssen in (3.10) schätzungsweise extrapoliert werden. Bildet man darauf mit dem durch (3.10) erhaltenen Wert f (a + 2w) die Größe

$$F\,(a + 2w) \;=\; -\,w^2k^2m_o\,\frac{s_2}{r_2^{\;3}} \qquad ,$$

so wird diese selten mit dem vorher extrapolierten Wert übereinstimmen. Es muß so erneut mit den verbesserten Größen gerechnet werden, bis die endgültige Übereinstimmung erzielt ist.
Wenn die Integration im Gange ist, so lassen sich natürlich die einzelnen unbekannten Differenzen wesentlich günstiger abschätzen. Mehrfache Ansätze kommen dennoch häufig vor. Diese lassen sich umgehen, wenn man sich der bei SAMUEL HERRICK angeführten Formeln bedient. [1]
Sie haben den Vorteil, daß in ihnen nur bereits bekannte Funktionswerte oder deren Differenzen vorkommen.
Bezeichnen wir kurz aus Gründen der Übersicht die Größen

$$F\,(a + nw) \quad \text{mit} \quad F_n \quad \text{und}$$

$$^{I}F\,(a + \tfrac{1}{2}w) \quad \text{mit} \quad {}^{I}F_{o.5} \qquad ,$$

so lautet die Formel $(\Sigma_b{}^2)$ bei HERRICK in unserer Schreibweise

---

[1] S. Herrick, " Step-by-step integration of $\ddot{x} = f(x,y,z,t)$ without a "corrector" "; University of California, Los Angeles, Astron. Pap., no. 12, vol. 1, S. 123 - 130.

$$f_n = {}^{II}F_n + \frac{1}{12}\left(F_{n-1} + F^{I}_{n-3/2} + \frac{19}{20} F^{II}_{n-2} + \frac{18}{20} F^{III}_{n-3/2} + \frac{1726}{2016} F^{IV}_{n-3} + \dots\right) . \qquad (3.12)$$

Hier treten nur bekannte, rückwärtige Differenzen auf.

Die Formel $(\Sigma_a^2)$ lautet

$$\begin{aligned} f_n = {}^{II}F_n &+ \frac{1}{12}\left(1 + 1 + \frac{19}{20} + \frac{18}{20} + \dots\right) F_{n-1} \\ &- \frac{1}{12}\left(1 + 2\,\frac{19}{20} + 3\,\frac{18}{20} + \dots\right) F_{n-2} \\ &+ \frac{1}{12}\left(\frac{19}{20} + 3\,\frac{18}{20} + \dots\right) F_{n-3} \\ &- \frac{1}{12}\left(\frac{18}{20} + \dots\right) F_{n-4} + \dots \qquad (3.13) \end{aligned}$$ [1]

In dieser Formel werden nur vorhergehende Funktionswerte benutzt, die durch das allgemeine Schema natürlich bekannt sind.

Nachstehend wird zunächst ein allgemeines $F$ - Schema angeführt. Die Funktionswerte seien von $F_0$ bis $F_4$ vorgegeben. Dann sind uns auch die sonstigen Werte der ersten und zweiten Summenreihe und der angeführten, nicht unterstrichenen Differenzen bekannt.

Gesucht ist der Wert $f_5$ .

[1] S. Herrick, l.c., S. 128 u. 129.

## F - Schema

| ${}^{II}F$ | ${}^{I}F$ | $F$ | $F^{I}$ | $F^{II}$ | $F^{III}$ | $F^{IV}$ |
|---|---|---|---|---|---|---|
| ${}^{II}F_{o}$ | | $F_{o}$ | | | | |
| | ${}^{I}F_{o.5}$ | | $F^{I}_{o.5}$ | | | |
| ${}^{II}F_{1}$ | | $F_{1}$ | | $F^{II}_{1}$ | | |
| | ${}^{I}F_{1.5}$ | | $F^{I}_{1.5}$ | | $F^{III}_{1.5}$ | |
| ${}^{II}F_{2}$ | | $F_{2}$ | | $F^{II}_{2}$ | | $F^{IV}_{2}$ |
| | ${}^{I}F_{2.5}$ | | $F^{I}_{2.5}$ | | $F^{III}_{2.5}$ | |
| ${}^{II}F_{3}$ | | $F_{3}$ | | $F^{II}_{3}$ | | |
| | ${}^{I}F_{3.5}$ | | $F^{I}_{3.5}$ | | | |
| ${}^{II}F_{4}$ | | $F_{4}$ | | | | |
| | ${}^{I}F_{4.5}$ | | | | | |
| ${}^{II}F_{5}$ | | $\underline{\underline{F_{5}}}$ | | $\underline{\underline{F^{II}_{5}}}$ | | $\underline{\underline{F^{IV}_{5}}}$ |

Nach COWELL müßte man bilden:

$$f_5 = {}^{II}F_5 + \frac{1}{12} F_5 - \frac{1}{240} F^{II}_5 + \frac{31}{60480} F^{IV}_5 - \dots \qquad (3.14) \; [1]$$

Diese Gleichung erfordert die schätzungsweise Extrapolation der drei im F - Schema unterstrichenen Größen.

---

[1] G. Stracke, l.c., S. 238, Gl. (VII).

Die Anwendung der Formel $(\Sigma_b{}^2)$ von HERRICK ergibt in der Näherung nach (3.12):

$$f_5 = {}^{II}F_5 + \frac{1}{12}(F_4 + F^I{}_{3.5} + 0.95\,F^{II}{}_3 + 0.90\,F^{III}{}_{2.5} + 0.856\,F^{IV}{}_2) \qquad (3.15)$$

Die Anwendung der Formel $(\Sigma_a{}^2)$ von HERRICK ergibt in der Näherung nach (3.13):

$$f_5 = {}^{II}F_5 + 0.321\,F_4 - 0.467\,F_3 + 0.304\,F_2 - 0.075\,F_1 \qquad (3.16)$$

Die Formeln (3.15) und (3.16) haben den Vorzug, lediglich mit bekannten Größen zu arbeiten. Besonders bequem erscheint bei der Ephemeridenrechnung die Anwendung der Näherungsformel (3.16). Da in ihr überhaupt keine Differenzen auftreten, entfällt somit das Aufschreiben des rechten Teiles des Differenzenschemas.

## Funktionswerte der Koordinate $x^0$

| Argument | f | $f^{I}$ | $f^{II}$ | $f^{III}$ |
|---|---|---|---|---|
| a + 19w | + 0.003 8986 | | | |
| | | + 4104 | | |
| a + 20w | + 0.004 3090 | | - 41 | |
| | | + 4063 | | - 3 |
| a + 21w | + 0.004 7153 | | - 44 | |
| | | + 4019 | | - 2 |
| a + 22w | + 0.005 1172 | | - 46 | |
| | | + 3973 | | - 1 |
| a + 23w | + 0.005 5145 | | - 47 | |
| | | + 3926 | | - 2 |
| a + 24w | + 0.005 9071 | | - 49 | |
| | | + 3877 | | - 1 |
| a + 25w | + 0.006 2948 | | - 50 | |
| | | + 3827 | | 0 |
| a + 26w | + 0.006 6775 | | - 50 | |
| | | + 3777 | | - 1 |
| a + 27w | + 0.007 0552 | | - 51 | |
| | | + 3726 | | 0 |
| a + 28w | + 0.007 4278 | | - 51 | |
| | | + 3675 | | - 1 |
| a + 29w | + 0.007 7953 | | - 52 | |
| | | + 3623 | | |
| a + 30w | + 0.008 1576 | | | |

## Integrationstableau

## für die Koordinate $x^o$

| Argument | $II_F$ | $I_F$ | $F$ | $F^I$ |
|---|---|---|---|---|
| a + 19w | + 0.003 8989 | | | |
| | | + 4105 | | |
| a + 20w | + 0.004 3094 | | − 42 | |
| | | + 4063 | | − 2 |
| a + 21w | + 0.004 7157 | | − 44 | |
| | | + 4019 | | − 2 |
| a + 22w | + 0.005 1176 | | − 46 | |
| | | + 3973 | | − 1 |
| a + 23w | + 0.005 5149 | | − 47 | |
| | | + 3926 | | − 2 |
| a + 24w | + 0.005 9075 | | − 49 | |
| | | + 3877 | | − 1 |
| a + 25w | + 0.006 2952 | | − 50 | |
| | | + 3827 | | 0 |
| a + 26w | + 0.006 6779 | | − 50 | |
| | | + 3777 | | − 1 |
| a + 27w | + 0.007 0556 | | − 51 | |
| | | + 3726 | | 0 |
| a + 28w | + 0.007 4282 | | − 51 | |
| | | + 3675 | | − 1 |
| a + 29w | + 0.007 7957 | | − 52 | |
| | | + 3623 | | |
| a + 30w | + 0.008 1580 | | | |

## Funktionswerte für die Koordinate $x_1$

| Argument | f | $f^{I}$ | $f^{II}$ | $f^{III}$ | $f^{IV}$ |
|---|---|---|---|---|---|
| a − 2w | − 0.001 4276 | | | | |
| | | − 4179 | | | |
| a − w | − 0.001 8455 | | + 1310 | | |
| | | − 2869 | | + 204 | |
| a | − 0.002 1324 | | + 1514 | | − 107 |
| | | − 1355 | | + 97 | |
| a + w | − 0.002 2679 | | + 1611 | | − 118 |
| | | + 256 | | − 21 | |
| a + 2w | − 0.002 2423 | | + 1590 | | − 106 |
| | | + 1846 | | − 127 | |
| a + 3w | − 0.002 0577 | | + 1463 | | − 110 |
| | | + 3309 | | − 237 | |
| a + 4w | − 0.001 7268 | | + 1226 | | − 85 |
| | | + 4535 | | − 322 | |
| a + 5w | − 0.001 2733 | | + 904 | | − 63 |
| | | + 5439 | | − 385 | |
| a + 6w | − 0.000 7294 | | + 519 | | − 40 |
| | | + 5958 | | − 425 | |
| a + 7w | − 0.000 1336 | | + 94 | | − 4 |
| | | + 6052 | | − 429 | |
| a + 8w | + 0.000 4716 | | − 335 | | + 23 |
| | | + 5717 | | − 406 | |
| a + 9w | + 0.001 0433 | | − 741 | | + 53 |
| | | + 4976 | | − 353 | |
| a + 10w | + 0.001 5409 | | − 1094 | | + 76 |
| | | + 3882 | | − 277 | |
| a + 11w | + 0.001 9291 | | − 1371 | | + 101 |
| | | + 2511 | | − 176 | |
| a + 12w | + 0.002 1802 | | − 1547 | | + 106 |
| | | + 964 | | − 70 | |
| a + 13w | + 0.002 2766 | | − 1617 | | + 116 |
| | | − 653 | | + 46 | |
| a + 14w | + 0.002 2113 | | − 1571 | | |
| | | − 2224 | | | |
| a + 15w | + 0.001 9889 | | | | |

## Integrationstableau

### für die Koordinate $x_1$

| Argument | $^{II}F$ | $^{I}F$ | $F$ | $F^{I}$ | $F^{II}$ | $F^{III}$ | $F^{IV}$ |
|---|---|---|---|---|---|---|---|
| a − 2w | − 0.001 4361 | | + 1020 | | | | |
| | | − 4204 | | + 298 | | | |
| a − w | − 0.001 8565 | | + 1318 | | − 93 | | |
| | | − 2886 | | + 205 | | − 15 | |
| a | − 0.002 1451 | | + 1523 | | − 108 | | + 7 |
| | | − 1363 | | + 97 | | − 8 | |
| a + w | − 0.002 2814 | | + 1620 | | − 116 | | + 12 |
| | | + 257 | | − 19 | | + 4 | |
| a + 2w | − 0.002 2557 | | + 1601 | | − 112 | | + 3 |
| | | + 1858 | | − 131 | | + 7 | |
| a + 3w | − 0.002 0699 | | + 1470 | | − 105 | | + 10 |
| | | + 3328 | | − 236 | | + 17 | |
| a + 4w | − 0.001 7371 | | + 1234 | | − 88 | | + 6 |
| | | + 4562 | | − 324 | | + 23 | |
| a + 5w | − 0.001 2809 | | + 910 | | − 65 | | + 5 |
| | | + 5472 | | − 389 | | + 28 | |
| a + 6w | − 0.000 7337 | | + 521 | | − 37 | | + 3 |
| | | + 5993 | | − 426 | | + 31 | |
| a + 7w | − 0.000 1344 | | + 95 | | − 6 | | − 1 |
| | | + 6088 | | − 432 | | + 30 | |
| a + 8w | + 0.000 4744 | | − 337 | | + 24 | | − 2 |
| | | + 5751 | | − 408 | | + 28 | |
| a + 9w | + 0.001 0495 | | − 745 | | + 52 | | − 1 |
| | | + 5006 | | − 356 | | + 27 | |
| a + 10w | + 0.001 5501 | | − 1101 | | + 79 | | − 9 |
| | | + 3905 | | − 277 | | + 18 | |
| a + 11w | + 0.001 9406 | | − 1378 | | + 97 | | − 3 |
| | | + 2527 | | − 180 | | + 15 | |
| a + 12w | + 0.002 1933 | | − 1558 | | + 112 | | − 13 |
| | | + 969 | | − 68 | | + 2 | |
| a + 13w | + 0.002 2902 | | − 1626 | | + 114 | | − 3 |
| | | − 657 | | + 46 | | − 1 | |
| a + 14w | + 0.002 2245 | | − 1580 | | + 113 | | |
| | | − 2237 | | + 159 | | | |
| a + 15w | + 0.002 0008 | | − 1421 | | | | |

## Berechnung der Koordinate $x_1$

## nach den drei angegebenen Verfahren

| Argument | COWELL | $\Sigma_a^2$ | $\Sigma_b^2$ |
|---|---|---|---|
| a - 2w | - 0.001 4276 | - | - |
| a - w | - 0.001 8455 | - | - |
| a | - 0.002 1324 | - | - |
| a + w | - 0.002 2679 | - | - |
| a + 2w | - 0.002 2423 | - 0.002 2424 | - |
| a + 3w | - 0.002 0577 | - 0.002 0577 | - 0.002 0576 |
| a + 4w | - 0.001 7268 | - 0.001 7268 | - 0.001 7267 |
| a + 5w | - 0.001 2733 | - 0.001 2734 | - 0.001 2735 |
| a + 6w | - 0.000 7294 | - 0.000 7294 | - 0.000 7293 |
| a + 7w | - 0.000 1336 | - 0.000 1337 | - 0.000 1336 |
| a + 8w | + 0.000 4716 | + 0.000 4715 | + 0.000 4716 |
| a + 9w | + 0.001 0433 | + 0.001 0433 | + 0.001 0433 |
| a + 10w | + 0.001 5409 | + 0.001 5409 | + 0.001 5409 |
| a + 11w | + 0.001 9291 | + 0.001 9291 | + 0.001 9291 |
| a + 12w | + 0.002 1802 | + 0.002 1804 | + 0.002 1803 |
| a + 13w | + 0.002 2766 | + 0.002 2767 | + 0.002 2766 |
| a + 14w | + 0.002 2113 | + 0.002 2114 | + 0.002 2114 |
| a + 15w | + 0.001 9889 | + 0.001 9890 | + 0.001 9888 |

Auf den Seiten 43 und 44 wurde zunächst an Hand der Koordinaten der Nereide ein Beispiel angeführt, wo es von vornherein bequem ist, die Größen F schätzungsweise zu extrapolieren. Wenn hier die Integration im Gange ist, treten keinerlei Verzögerungen in der Rechnung auf.

Die Formel von COWELL (3.14) ist hier vorzuziehen.

Alle drei Koordinaten müssen gleichzeitig bearbeitet werden, da in (3.11) der sich ändernde Radiusvektor auftritt.

Auf den Seiten 45 - 47 sehen wir am Beispiel der Koordinaten des Triton, daß diese F - Werte wesentlich ungünstiger laufen. Hier eignen sich besser die Näherungsformeln (3.15) und (3.16).

Die Übersicht auf Seite 47 läßt erkennen, daß Abweichungen von höchstens zwei Einheiten in der 7. Dezimalen auftreten. Leider sind die beiden letzteren Formeln erst an späterer Stelle einsatzbereit als die Beziehung von COWELL, so daß am Anfang eines jeden Tableaus unbedingt nach dieser gerechnet werden muß.

Der Aufwand an Rechnung ist bei (3.16) am geringsten, da der rechte Teil des Differenzenschemas nicht benötigt wird. Da ohnehin in gewissen Abständen Kontrollen durch eine direkte Berechnung der Koordinaten über die Gauß'schen Konstanten erfolgt, erscheinen die Funktionswerte hinreichend gesichert. Grundsätzlich muß selbstverständlich mit einer Dezimalen mehr gerechnet werden, um eine sichere Ephemeride zu erhalten.

Im Falle von Triton konnten die einzelnen Koordinaten getrennt bearbeitet werden, da wegen der vorliegenden Kreisbahn der Nenner in (3.11) konstant blieb.

Die auf Seite 34 gemachte Vereinfachung im direkten Glied

$$s = s^{o}$$

hatte im Mittel bei jedem F - Wert eine Abweichung von zwei Einheiten der 10. Dezimale. Da die F - Werte ohnehin nur in Einheiten der 7. Dezimale mit zwei Stellen hinter dem Komma berechnet wurden, hatte dies lediglich Abrundungsfehler zur Folge.

Die Vernachlässigung des indirekten Gliedes wegen des kleinen Faktors $m_o$ war für eine Abschätzung zulässig, da im Mittel diese Ausdrücke einen Fehler von 5 Einheiten in der 9. Dezimale hervorriefen. Nimmt man einen solchen Fehler als konstant an, so erreichen die Abweichungen in F nach 30 Intervallen etwa 2 Einheiten in der 6. Dezimale. In Wirklichkeit liegen die Abweichungen darunter, da dazu noch ein öfters auftretender Vorzeichenwechsel die Effekte abschwächt.

Es wurde in der Durchführung mit der "Neptunmasse I" und der "Tritonmasse I" der S. 14 gerechnet.

Aus der Aufstellung der S. 37 ist ersichtlich, daß bereits nach 8 Tagen in den Koordinaten x und z der Nereide eine Störung von 6 Einheiten in der 5. Dezimale auftritt. Über die Störungen in der Koordinate y ist hiernach vorläufig noch nichts Wesentliches auszusagen, da lediglich Schwankungen um die Ausgangswerte auftreten.

In Abbildung II am Schluß der Darstellung ist der Funktionsverlauf der Störungen im Zusammenhang mit den jeweiligen Entfernungen zwischen Triton und Nereide aufgezeichnet. Der Pfeil deutet die Stelle des Perineptuniums an. Die Zeitachse wurde in der üblichen Weise nach den Argumentwerten eingeteilt.

Im oberen Diagramm gelten für die Störungen $\sigma$ die 7. Dezimalen als die Einheit. Die einzelnen Koordinaten sind wie folgt unterschieden:

| | |
|---|---|
| $\xi'$ | ―――――――――― |
| $\eta'$ | - - - - - - - - - - - - |
| $\zeta'$ | - . - . - . - . - . - |

Im unteren Diagramm sind die Entfernungen $\Delta_0$ in Astronomischen Einheiten eingezeichnet.

## § 4. Die gegenseitige Lage der Bahnebenen

Nimmt man die Elemente der Seite 11 als Grundlage, so ergeben sich folgende Winkel zwischen den einzelnen Ebenen:

| | | | |
|---|---|---|---|
| Tritonbahn | / | Neptunbahn | 134° 1' 28" |
| Tritonbahn | / | Nereidenbahn | 42° 26' 38" |
| Tritonbahn | / | Neptunäquator | 159° 57' 0" |
| Nereidenbahn | / | Neptunbahn | 6° 33' 30" |
| Nereidenbahn | / | Neptunäquator | 27° 27' 9" |
| Neptunbahn | / | Neptunäquator | 28° 48' 8" |

Als Grundlage für die Angaben des Neptunäquators dienten die Berechnungen von W.S. EICHELBERGER und A. NEWTON. [1]
Hiernach gilt für 1950.0:

$N_0 = 25^\circ\ 34'\ 16''$ $\qquad I_0 = 48^\circ\ 31'\ 59''$

---

[1] Astronomical Papers, vol. IX, S. 335.

Dieser aufsteigende Knoten und die Neigung des Neptunäquators, $N_0$ und $I_0$, beziehen sich natürlich auf jene Parallelebene zum Erdäquator. Letztere Ebene ist in Abbildung I als Fundamentalebene gezeichnet. Der aufsteigende Knoten der Ebene des Neptunäquators wurde mit $☊_N$ , der absteigende Knoten mit $☋_N$ bezeichnet.

Nullpunkt der Zählung ist der Frühlingspunkt $♈$.

Der aufsteigende Knoten der Tritonbahn ist mit $☊_T$ angegeben.

Die Schnittlinie beider Ebenen ist in der Zeichnung nach vorn stark durchgezogen. Der aufsteigende Knoten der Tritonbahn auf der Ebene des Neptunäquators ist mit $☊_{N,T}$ bezeichnet. $\Pi_N$ und $\Pi_T$ deuten die Pole der Ebene des Neptunäquators und der Tritonbahn an. Aus der Pfeilrichtung bei T der Tritonbahn ist die retrograde Bewegungsrichtung des inneren Trabanten ersichtlich. $\Pi$ stellt den Pol der Fundamentalebene dar. Schließlich ist aus $I_N$ und $I_T$ die Neigung der beiden Ebenen zur Fundamentalebene zu erkennen.

In Abbildung III wurde die gegenseitige Lage beider Trabanten gezeichnet. Die Fundamentalebene des Äquators ist nur dünn angedeutet, ebenso die gedachte Sphäre um Neptun als Mittelpunkt. Stark ausgezogen ist die Bahn der Nereide mit $☊_{Ne}$ als aufsteigendem Knoten und $I_{Ne}$ als Neigung zur Fundamentalebene. Die Bewegungsrichtung der Nereide ist direkt.

Im Gegensatz zu den anderen Planetensystemen bewegt sich bei Neptun der innere Trabant retrograd, der äußere direkt.

Diese Tatsache bildete den Ursprung zu verschiedenen kosmogonischen Untersuchungen, die in der Hauptsache von H.P. BERLAGE,

R.A. LYTTLETON und L. GIALANELLA durchgeführt wurden. [1 - 3]

Aus technischen Gründen wurde in der Abb. III die Tritonbahn in doppelter Größe gezeichnet. Die retrograde Umlaufsrichtung ist hier ebenfalls durch einen Pfeil gekennzeichnet.

Die Schnittlinie zwischen beiden Bahnen ist stark durchgezogen, der aufsteigende Knoten der Tritonbahn auf der Bahn der Nereide ist durch ☊ angegeben. Die fast waagerechte, schraffierte Linie vom Mittelpunkt nach rechts in der Fundamentalebene stellt die Projektion der Apsidenlinie der Nereide dar. Der Doppelpfeil im Inneren der Tritonbahn soll die Neigung beider Bahnebenen zueinander andeuten. Der oberhalb von der Nereidenbahn gelegene Teil der Tritonbahn ist durchgehend gezeichnet, die Bahnebene selbst wurde schraffiert.

Es sei am Ende dieses Kapitels noch darauf hingewiesen, daß nach der ausführlichen Abhandlung von W.S. EICHELBERGER und A. NEWTON keine weitere Bahn von Triton veröffentlicht wurde. Die Variation der Elemente N und I wurde von den Verfassern bis Jan. 1960 durchgeführt. Eine Zusammenfassung der früheren Bahnbestimmungen von Triton gibt J. WARZEE in seiner Arbeit "Le mouvement du satellite de Neptune". [4]

---

[1] H.P. Berlage, "Types of satellite systems and the disc theory of the origin of the planetary system", Proc. K. Ned. Akad. Wet., vol. 51, S. 965 - 968.
H.P. Berlage, "Remarks on the origin of satellites in general and on the metamorphosis of the systems of Neptune and the earth in particular", Proc. Ak. Wet., 57. 452-463.

[2] R.A. Lyttleton, "Triton and Pluto", The Sky, vol. 4, S. 5.

[3] L. Gialanella, vgl. hierzu Titel 25 u. 26 des Lit.Verz.

[4] J. Warzée, Acad. R. de Belgique, Titel 53 des Lit.Verz.

Nach 1926 wurden lediglich noch die folgenden Beobachtungen des Triton veröffentlicht:

| Autor | Observatorium | Beob.-Jahr | Publ. | Lit. |
|---|---|---|---|---|
| A. Hall, E. Burton | U.S.Nav.Obs. | 1911 | 1929 | 31) |
| E. Burton | U.S.Nav.Obs. | 1911 / 12 | 1929 | 18) |
| G. Neujmin, K. Pokrowsky | Pulkowa | 1923 | 1927 | 46) |
| A. Hall | U.S.Nav.Obs. | 1925 / 26 | 1929 | 30) |
| R.T. Crawford | Lick | 1928 | 1928 | 21) |
| H.L. Alden | Johannesburg | 1939 | 1940 | 1) |
| H.L. Alden | Johannesburg | 1940 1942 | 1943 | 3) |

Bahnbestimmungen für die Nereide wurden in den drei nachstehenden Arbeiten veröffentlicht:

| | | |
|---|---|---|
| D. Harris u. G. van Biesbroeck | 1949 | 32) |
| G. van Biesbroeck | 1951 | 15) |
| G. van Biesbroeck | 1957 | 16) |

Die auf dieser Seite angeführten Literaturziffern beziehen sich auf das Verzeichnis am Ende der Arbeit.

## § 5. Die Störungen in der Tritonbahn

In der Einleitung wurden von mir die in der Tritonbahn auftretenden Störungen erwähnt. G. ARMELLINI bewies in seinen vier Abhandlungen, die A. Di Legge und T. Levi-Civita der R. Accademia dei Lincei vorlegten, daß lediglich in gewissen Zonen um Neptun ein Trabant existieren kann, der die bei Triton beobachteten Anomalien in der Bahnebene hervorrufen kann. Ein solcher hypothetischer Störtrabant müßte dann aber in einer Größenordnung existieren, die es uns schon längst gestattet hätte, ihn zu entdecken. Die Beweisführung ARMELLINIS setzte dabei allerdings zwei wesentliche Punkte voraus, die man seinerzeit im allgemeinen bei Satelliten erwarten durfte. Einmal muß sich der Störtrabant in einer Kreisbahn bewegen, zum anderen müssen die Neigungen der Satellitenbahnen gegeneinander verhältnismäßig klein sein. [1] Beide wichtigen Voraussetzungen treffen für die inzwischen entdeckte Nereide nicht zu.

Man kann sich nun die Frage stellen, ob eine derartige Abänderung in den Voraussetzungen eine Störung der Tritonbahn durch die Nereide möglich macht.

Ohne nochmals den gesamten mathematischen Hintergrund des Armellinischen Problems auf die nicht zu vernachlässigende Exzentrizität und Neigung der Nereide umzuformen, kann man wie folgt vorgehen: Die Beobachtungen sagen uns, daß der Pol der Tritonbahn sich mit konstanter Geschwindigkeit um einen Punkt $\Pi_N$ in einer kreisförmigen Bahn bewegt.

W.S. EICHELBERGER und A. NEWTON bestimmten diesen Pol für 1950.0 durch die Werte:

$$\text{A.R.} = 295^\circ\ 34'\ 16'' \quad , \quad \delta = 41^\circ\ 28'\ 1'' \ . \qquad [2]$$

Den Radius des Kreises fanden sie mit $20^\circ\!\!.1$ .

Setzt man voraus, daß die Abplattung des Neptun diese Störung

---

[1] G. Armellini, "Ricerche sopra le perturbazioni del satellite di Nettuno", Zusammenstellung Nr. 5 - 11 des Lit.-Verzeichn.

[2] W.S. Eichelberger u. A. Newton, l.c., S. 326.

hervorruft, so müßte $\Pi_N$ der Pol des Neptunäquators sein. ARMELLINI weist nun in Nota II nach, daß man diese erwähnte Ebene des Neptunäquators mit der invariablen Ebene von LAPLACE identifizieren kann, die durch die drei Körper Neptun, Triton und den hypothetischen Störtrabanten gebildet wird. [1]
Berechnet man nun umgekehrt die Lage der invariablen Ebene der drei Körper Neptun, Triton und Nereide, so findet man nach den Formeln von C.L. CHARLIER die folgenden Daten:

$$\gamma = 112^\circ\ 32'\ 3'' \quad , \quad \Pi = 197^\circ\ 36'\ 58'' \quad . \qquad [2]$$

Hierbei ist $\gamma$ die Neigung und $\Pi$ die Länge des aufsteigenden Knotens in bezug auf den Äquator.
Aus diesen Daten ist ersichtlich, daß diese Ebene in unmittelbarer Nähe der Tritonbahn liegt. Beide Ebenen schneiden sich unter einem Winkel von

$$0^\circ\ 1'\ 29''\!.3 \quad ,$$

während die invariable Ebene mit Nereide einen Winkel von

$$42^\circ\ 28'\ 10''\!.1$$

bildet. Aus diesen Angaben geht deutlich hervor, daß diese invariable Ebene keineswegs mit der Ebene identisch ist, die existieren müßte, wenn die Nereide es wäre, die jene großen Störungen in der Bahn des Triton hervorruft.
Es muß sonach angenommen werden, daß weiterhin lediglich die bisher nicht zu beobachtende Abplattung des Neptun diese Störungen hervorruft. Da nach den Untersuchungen von CHARLIER bereits

---

[1] G. Armellini, Nota II, S. 434.
[2] C.L. Charlier, "Die Mechanik des Himmels", I. Bd., S. 362.

eine Abplattung von 0.000 003 genügt, um die Störungen bei Triton zu bewirken, so dürfte die TISSERAND-NEWCOMB'sche Abplattungstheorie weiterhin gesichert sein. [1]

## § 6. Tritonbeobachtungen 1922 - 1932 in Berlin-Babelsberg

Georg STRUVE beobachtete in den Jahren 1922 - 1932 am 65 cm-Refraktor der hiesigen Sternwarte den Trabanten Triton. Auf den nachstehenden Seiten sind diese Beobachtungswerte reduziert in Spalte "B" wiedergegeben. In der Spalte "Weltzeit" wurde bereits die Aberrationszeit mit berücksichtigt. Diese Zeitangabe entspricht einer mittleren Zeit für die gemessenen Positionswinkel. Die Spalte "$\Delta$ t" gibt die Korrektur "Beobachtungszeit der Distanzen - Beobachtungszeit der Positionswinkel" an. Mit dem durch $\Delta$ t korrigierten Zeitwert wurden die entsprechenden Distanzen berechnet.

Es wurde bei den beobachteten Distanzen der Wert einer Schraubenrevolution $1^r = 13\overset{''}{.}236$ benutzt.

Die beobachteten Werte wurden mit der Ephemeride von W.S. EICHELBERGER und A. NEWTON verglichen. [2]

Für die Berechnung der Trabantenörter nach den Elementen stehen uns zwei Formelsysteme zur Verfügung.

---

[1] C.L. Charlier, "Über die Bewegung der Bahnebenen der Satelliten in unserem Planetensystem", Meddelanden fran Lunds Astronomiska Observatorium, Serie II, Bd. I, Nr. 5, S. 24.

[2] W.S. Eichelberger u. A. Newton, l.c., S. 333 - 335.

A. MARTH veröffentlichte 1856 Beziehungen, die für ein Koordinatensystem Gültigkeit haben, das seinen Ursprung im Planetenzentrum hat. [1] 1887 fand der gleiche Astronom Formeln, die sich auf ein System beziehen, das im Satellitenzentrum ruht. [2] Seit Hermann STRUVE ist es üblich, das zweite Formelsystem mit kleinen Umänderungen so zu benutzen, daß wir wiederum ein planetozentrisches System vor uns haben. Weiterhin ist zu beachten, daß STRUVE das Element a stets in Bogensekunden ausdrückt. Als Fundamentalebene gilt wieder jene Parallelebene zum Erdäquator durch das Planetenzentrum.

Es sei nun:

| | |
|---|---|
| $180^\circ + U$ | die planetozentrische Länge, |
| B | die planetozentrische Breite |
| | der Erde bezüglich der Satellitenbahn, |
| P | der Positionswinkel des Pols der Satellitenbahn, |
| a | die Elongation in der mittleren Entfernung ($\varrho$) des Planeten, |
| u | die Länge des Trabanten, gerechnet vom Knoten, |
| $\varrho, \alpha, \delta$ | die geozentrischen Koordinaten des Planetenzentrums. |

---

[1] A. Marth, "Researches on Satellites", A.N. 44, S. 113 - 116.

[2] A. Marth, "On the Formulae for Computing the Apparent Positions of a Satellite, and for Correcting the Assumed Elements of its Orbit", M.N., vol. XLVII, S. 333 - 336.

Dann gelten die Relationen:

$$\begin{aligned}
\cos B \sin U &= \sin\delta \sin I - \cos\delta \cos I \sin(N-\alpha) \\
\cos B \cos U &= \cos\delta \cos(N-\alpha) \\
\sin B &= -\sin\delta \cos I - \cos\delta \sin I \sin(N-\alpha) \qquad (6.1) \\
\cos B \sin P &= -\sin I \cos(N-\alpha) \\
\cos B \cos P &= \cos\delta \cos I - \sin\delta \sin I \sin(N-\alpha)
\end{aligned}$$

Mit diesen Hilfsgrößen erhält man $p$ und $s$ aus den strengen Formeln:

$$\begin{aligned}
s \sin(p-P) &= \frac{r(\varrho)}{\varrho} \sin(u-U) \frac{1}{1+Z} \\
s \cos(p-P) &= \frac{r(\varrho)}{\varrho} \cos(u-U) \sin B \frac{1}{1+Z} \qquad (6.2) \\
Z &= \frac{r(\varrho)}{\varrho} \cos(u-U) \cos B \sin 1''
\end{aligned}$$

Im Neptunsystem kann der Faktor $\frac{1}{1+Z}$ vernachlässigt werden.

Wegen der angenommenen Kreisbahn bei Triton kann $r = a$ gesetzt werden.

Damit ergeben sich die endgültigen Formeln:

$$\begin{aligned}
s \sin(p-P) &= \frac{a(\varrho)}{\varrho} \sin(u-U) \\
s \cos(p-P) &= \frac{a(\varrho)}{\varrho} \cos(u-U) \sin B
\end{aligned} \qquad (6.3)$$

Tritonbeobachtungen 1922 - 1932

| Nr. | Weltzeit | | | | Positionswinkel B | Positionswinkel R | Positionswinkel B - R | $\Delta t$ | Distanz B | Distanz R | Distanz B - R |
|---|---|---|---|---|---|---|---|---|---|---|---|
| | 1922 | | | | | | | | | | |
| 1 | Jan. | 23 | 21ʰ | 36ᵐ | 330°.08 | 330°.16 | - 0°.08 | 0ᵐ | 15".45 | 15".30 | + 0".15 |
| 2 | | 27 | 20 | 29 | 110.90 | 111.30 | - 0.40 | 0 | 14.63 | 15.27 | - 0.64 |
| 3 | | 29 | 20 | 55 | 326.83 | 326.19 | + 0.64 | + 1 | 16.19 | 15.80 | + 0.39 |
| 4 | Feb. | 14 | 18 | 53 | 94.85 | 96.09 | - 1.24 | + 2 | 13.29 | 13.30 | - 0.01 |
| 5 | | 16 | 18 | 5 | 316.97 | 316.45 | + 0.52 | - 2 | 17.01 | 16.64 | + 0.37 |
| 6 | | | 18 | 50 | 315.12 | 315.30 | - 0.18 | 0 | 16.78 | 16.70 | + 0.08 |
| 7 | | 20 | 20 | 0 | 85.52 | 85.30 | + 0.22 | 0 | 12.04 | 12.11 | - 0.07 |
| 8 | | 25 | 17 | 13 | 130.75 | 130.98 | - 0.23 | 0 | 16.79 | 17.00 | - 0.21 |
| 9 | | 27 | 15 | 40 | 359.10 | 359.27 | - 0.17 | 0 | 11.83 | 11.65 | + 0.18 |
| 10 | | | 18 | 42 | 350.98 | 350.46 | + 0.52 | 0 | 12.82 | 12.55 | + 0.27 |
| 11 | März | 1 | 15 | 57 | 261.57 | 264.19 | - 2.62 | - 1 | 12.69 | 11.99 | + 0.70 |
| 12 | | 15 | 16 | 36 | 118.57 | 118.13 | + 0.44 | + 2 | 15.74 | 16.11 | - 0.37 |
| 13 | | 18 | 16 | 58 | 294.03 | 295.05 | - 1.02 | + 1 | 15.72 | 15.78 | - 0.06 |
| 14 | | 29 | 15 | 27 | 326.42 | 325.97 | + 0.45 | - 1 | 16.24 | 15.49 | + 0.75 |
| 15 | Apr. | 1 | 16 | 23 | 141.18 | 141.89 | - 0.71 | - 1 | 16.07 | 15.91 | + 0.16 |

| Nr. | Weltzeit | | | Positionswinkel B | R | B - R | $\Delta t$ | Distanz B | R | B - R |
|---|---|---|---|---|---|---|---|---|---|---|
| | 1922 | | | | | | | | | |
| 16 | Okt. 25 | $0^h$ | $0^m$ | 119°67 | 119°98 | - 0°31 | - $2^m$ | 15"25 | 15"27 | - 0"02 |
| 17 | Nov. 20 | 23 | 42 | 270.73 | 273.23 | - 2.50 | - 1 | 11.94 | 11.90 | + 0.04 |
| | 1923 | | | | | | | | | |
| 18 | Jan. 21 | $21^h$ | $3^m$ | 80°68 | 79°94 | + 0°74 | + $21^m$ | 10"55 | 10"97 | - 0"42 |
| 19 | Feb. 2 | 19 | 44 | 64.20 | 62.89 | + 1.31 | + 2 | 10.07 | 10.08 | - 0.01 |
| 20 | 6 | 19 | 7 | 157.13 | 157.27 | - 0.14 | + 2 | 14.72 | 14.49 | + 0.23 |
| 21 | 15 | 17 | 39 | 331.07 | 331.70 | - 0.63 | - 1 | 15.35 | 15.23 | + 0.12 |
| 22 | 17 | 20 | 35 | 208.30 | 207.59 | + 0.71 | + 1 | 9.88 | 9.93 | - 0.05 |
| 23 | 19 | 17 | 35 | 111.28 | 111.39 | - 0.11 | 0 | 15.13 | 15.02 | + 0.11 |
| 24 | 27 | 16 | 20 | 324.88 | 323.93 | + 0.95 | + 34 | 16.34 | 16.22 | + 0.12 |
| 25 | | 19 | 26 | 318.65 | 319.11 | - 0.46 | + 1 | 16.56 | 16.47 | + 0.09 |
| 26 | März 15 | 17 | 31 | 84.18 | 83.23 | + 0.95 | 0 | 11.46 | 11.54 | - 0.08 |
| 27 | | 18 | 32 | 79.98 | 79.98 | 0.00 | + 1 | 11.32 | 11.24 | + 0.08 |
| 28 | 16 | 17 | 55 | 351.62 | 351.37 | + 0.25 | + 3 | 12.89 | 12.48 | + 0.41 |
| 29 | 18 | 18 | 7 | 252.73 | 256.43 | - 3.70 | 0 | 11.26 | 10.96 | + 0.30 |
| 30 | 19 | 15 | 38 | 172.55 | 173.60 | - 1.05 | + 2 | 12.32 | 12.20 | + 0.12 |

| Nr. | Weltzeit | | | | Positionswinkel B | Positionswinkel R | Positionswinkel B - R | $\Delta$ t | Distanz B | Distanz R | Distanz B - R |
|---|---|---|---|---|---|---|---|---|---|---|---|
| | 1923 | | | | | | | | | | |
| 31 | März | 19 | $18^h$ | $23^m$ | 167°25 | 166°45 | + 0°80 | $0^m$ | 12"84 | 13"05 | - 0"21 |
| 32 | | 21 | 16 | 1 | 78.58 | 78.56 | + 0.02 | 0 | 11.15 | 11.12 | + 0.03 |
| 33 | | 22 | 17 | 31 | 345.10 | 345.00 | + 0.10 | 0 | 13.29 | 13.21 | + 0.08 |
| 34 | | 23 | 17 | 24 | 304.80 | 304.30 | + 0.50 | - 1 | 16.41 | 16.41 | 0.00 |
| 35 | Apr. | 3 | 15 | 43 | 336.27 | 336.14 | + 0.13 | + 3 | 14.68 | 14.34 | + 0.34 |
| 36 | | 4 | 17 | 23 | 294.70 | 294.71 | - 0.01 | + 1 | 15.42 | 15.38 | + 0.04 |
| 37 | | 7 | 16 | 29 | 112.80 | 113.70 | - 0.90 | + 1 | 15.36 | 15.24 | + 0.12 |
| 38 | | 20 | 16 | 17 | 18.28 | 17.59 | + 0.69 | - 1 | 10.21 | 10.15 | + 0.06 |
| | 1924 | | | | | | | | | | |
| 39 | Jan. | 31 | $22^h$ | $7^m$ | 132°93 | 132°95 | - 0°02 | + $2^m$ | 16"72 | 16"81 | - 0"09 |
| 40 | Feb. | 7 | 18 | 32 | 87.47 | 87.27 | + 0.20 | - 2 | 11.20 | 11.47 | - 0.27 |
| 41 | | 8 | 20 | 30 | 349.08 | 349.60 | - 0.52 | + 1 | 13.07 | 12.88 | + 0.19 |
| 42 | | 9 | 18 | 58 | 311.67 | 311.05 | + 0.62 | 0 | 16.71 | 16.77 | - 0.06 |
| 43 | März | 26 | 16 | 12 | 2.12 | 3.49 | - 1.37 | + 2 | 11.28 | 11.20 | + 0.08 |
| 44 | Apr. | 7 | 16 | 39 | 346.23 | 346.09 | + 0.14 | 0 | 13.15 | 13.08 | + 0.07 |

| Nr. | Weltzeit | | | | Positionswinkel B | Positionswinkel R | Positionswinkel B - R | $\Delta t$ | Distanz B | Distanz R | Distanz B - R |
|---|---|---|---|---|---|---|---|---|---|---|---|
| | 1925 | | | | | | | | | | |
| 45 | Feb. | 17 | $18^h$ | $33^m$ | 95°.08 | 95°.37 | - 0°.29 | + $1^m$ | 12".03 | 11".98 | + 0".05 |
| 46 | | 24 | 18 | 32 | 352.55 | 353.42 | - 0.87 | + 2 | 12.26 | 12.42 | - 0.16 |
| 47 | | | 19 | 37 | 350.32 | 350.69 | - 0.37 | 0 | 12.86 | 12.77 | + 0.09 |
| 48 | | 25 | 17 | 13 | 314.22 | 313.87 | + 0.35 | + 1 | 17.18 | 16.78 | + 0.40 |
| 49 | | 28 | 17 | 53 | 130.20 | 130.78 | - 0.58 | - 1 | 16.52 | 16.66 | - 0.14 |
| 50 | März | 4 | 17 | 33 | 251.73 | 254.29 | - 2.56 | + 2 | 10.70 | 10.15 | + 0.55 |
| 51 | Apr. | 5 | 17 | 13 | 100.07 | 99.70 | + 0.37 | 0 | 12.54 | 12.58 | - 0.04 |
| 52 | | 7 | 17 | 5 | 317.68 | 318.56 | - 0.88 | + 3 | 16.51 | 16.52 | - 0.01 |
| | 1928 | | | | | | | | | | |
| 53 | Feb. | 2 | $20^h$ | $11^m$ | 146°.95 | 148°.43 | - 1°.48 | $0^m$ | 16".20 | 16".46 | - 0".26 |
| 54 | | 23 | 20 | 49 | 312.42 | 313.82 | - 1.40 | 0 | 16.59 | 16.43 | + 0.16 |
| 55 | | 25 | 19 | 23 | 168.40 | 170.02 | - 1.62 | - 2 | 13.06 | 13.05 | + 0.01 |
| 56 | | 26 | 21 | 8 | 131.07 | 131.33 | - 0.26 | - 2 | 16.15 | 16.17 | - 0.02 |
| 57 | | 28 | 19 | 4 | 347.45 | 347.58 | - 0.13 | 0 | 13.85 | 13.46 | + 0.39 |
| 58 | | 29 | 17 | 59 | 314.07 | 313.60 | + 0.47 | 0 | 16.46 | 16.42 | + 0.04 |
| 59 | März | 5 | 18 | 14 | 342.87 | 343.51 | - 0.64 | + 2 | 14.33 | 14.15 | + 0.18 |

| Nr. | Weltzeit | | | Positionswinkel B | Positionswinkel R | Positionswinkel B - R | $\Delta t$ | Distanz B | Distanz R | Distanz B - R |
|---|---|---|---|---|---|---|---|---|---|---|
| | 1928 | | | | | | | | | |
| 60 | März 16 | $19^h$ | $8^m$ | 36°.48 | 37°.56 | - 1°.08 | $0^m$ | 8".57 | 8".82 | - 0".25 |
| 61 | Apr. 24 | 17 | 41 | 161.38 | 162.73 | - 1.35 | - 1 | 14.21 | 13.96 | + 0.25 |
| | 1930 | | | | | | | | | |
| 62 | Feb. 21 | $21^h$ | $50^m$ | 302°.50 | 303°.88 | - 1°.38 | $0^m$ | 14".37 | 14".18 | + 0".19 |
| 63 | | 22 | 35 | 301.03 | 302.57 | - 1.54 | - 1 | 14.06 | 13.94 | + 0.12 |
| 64 | 23 | 20 | 24 | 153.88 | 155.99 | - 2.11 | 0 | 15.53 | 15.73 | - 0.20 |
| 65 | 24 | 19 | 22 | 122.58 | 123.79 | - 1.21 | 0 | 14.24 | 14.67 | - 0.43 |
| 66 | 25 | 18 | 19 | 47.70 | 46.68 | + 1.02 | - 1 | 6.86 | 8.13 | - 1.27 |
| 67 | 26 | 18 | 16 | 338.17 | 336.93 | + 1.24 | 0 | 15.55 | 15.57 | - 0.02 |
| 68 | | 20 | 20 | 334.67 | 334.06 | + 0.61 | 0 | 16.32 | 16.02 | + 0.30 |
| 69 | März 3 | 17 | 57 | 34.33 | 33.85 | + 0.48 | + 1 | 8.54 | 8.50 | + 0.04 |
| 70 | | 20 | 32 | 22.85 | 22.24 | + 0.61 | 0 | 8.73 | 9.13 | - 0.40 |
| 71 | 21 | 19 | 20 | 359.42 | 357.75 | + 1.67 | 0 | 11.84 | 11.80 | + 0.04 |
| 72 | 22 | 17 | 59 | 322.30 | 321.97 | + 0.33 | + 1 | 16.85 | 16.70 | + 0.15 |
| 73 | 23 | 17 | 19 | 280.85 | 279.88 | + 0.97 | - 1 | 10.28 | 10.49 | - 0.21 |
| 74 | 25 | 15 | 46 | 141.58 | 142.88 | - 1.30 | - 1 | 16.62 | 16.71 | - 0.09 |

| Nr. | Weltzeit | | | | Positionswinkel B | R | B - R | Δt | Distanz B | R | B - R |
|---|---|---|---|---|---|---|---|---|---|---|---|
| | 1930 | | | | | | | | | | |
| 75 | März | 25 | $17^h$ | $17^m$ | 138°55 | 140°98 | - 2°43 | - $6^m$ | 16"47 | 16"66 | - 0"19 |
| 76 | Apr. | 1 | 17 | 24 | 84.15 | 83.25 | + 0.90 | - 1 | 8.20 | 9.04 | - 0.84 |
| 77 | | 23 | 18 | 30 | 148.83 | 151.06 | - 2.23 | 0 | 15.52 | 16.06 | - 0.54 |
| 78 | | 25 | 16 | 58 | 28.87 | 27.88 | + 0.99 | 0 | 8.77 | 8.74 | + 0.03 |
| 79 | | | 18 | 29 | 20.88 | 21.41 | - 0.53 | 0 | 9.11 | 9.14 | - 0.03 |
| 80 | | 27 | 15 | 50 | 297.60 | 298.85 | - 1.25 | - 2 | 13.40 | 13.30 | + 0.10 |
| 81 | | | 17 | 17 | 295.58 | 295.94 | - 0.36 | + 10 | 13.21 | 12.68 | + 0.53 |
| 82 | | 29 | 17 | 20 | 146.15 | 148.72 | - 2.57 | 0 | 15.18 | 16.23 | - 1.05 |
| 83 | Mai | 1 | 15 | 47 | 19.88 | 20.41 | - 0.53 | 0 | 9.20 | 9.18 | + 0.02 |
| 84 | | | 18 | 9 | 12.25 | 11.58 | + 0.67 | 0 | 9.92 | 9.93 | - 0.01 |
| 85 | | | 19 | 7 | 9.07 | 8.35 | + 0.72 | + 1 | 10.14 | 10.27 | - 0.13 |
| 86 | | 2 | 18 | 44 | 322.63 | 325.05 | - 2.42 | + 1 | 16.16 | 16.41 | - 0.25 |
| 87 | | 16 | 17 | 1 | 170.88 | 174.02 | - 3.14 | 0 | 11.81 | 12.10 | - 0.29 |
| 88 | | | 17 | 43 | 169.88 | 172.45 | - 2.57 | 0 | 12.06 | 12.36 | - 0.30 |
| 89 | | 17 | 17 | 1 | 136.13 | 137.87 | - 1.74 | 0 | 15.72 | 16.07 | - 0.35 |
| 90 | | | 17 | 53 | 133.72 | 136.74 | - 3.02 | + 1 | 15.94 | 15.97 | - 0.03 |

| Nr. | Weltzeit | | | | Positionswinkel B | Positionswinkel R | Positionswinkel B - R | $\Delta t$ | Distanz B | Distanz R | Distanz B - R |
|---|---|---|---|---|---|---|---|---|---|---|---|
| | 1930 | | | | | | | | | | |
| 91 | Mai | 19 | $16^h$ | $43^m$ | 351°.87 | 351°.42 | + 0°.45 | + $7^m$ | 12".78 | 12".55 | + 0".23 |
| 92 | | 23 | 17 | 49 | 130.22 | 132.87 | - 2.65 | + 1 | 15.24 | 15.47 | - 0.23 |
| 93 | | 29 | 17 | 14 | 126.07 | 129.49 | - 3.42 | + 1 | 14.77 | 14.90 | - 0.13 |
| | 1931 | | | | | | | | | | |
| 94 | Feb. | 23 | $21^h$ | $16^m$ | 135°.98 | 136°.14 | - 0°.16 | $0^m$ | 16".10 | 16".03 | + 0".07 |
| 95 | | | 21 | 38 | 135.07 | 135.66 | - 0.59 | 0 | 15.91 | 15.95 | - 0.04 |
| 96 | | | 23 | 16 | 133.52 | 133.47 | + 0.05 | - 3 | 15.64 | 15.60 | + 0.04 |
| 97 | März | 15 | 19 | 10 | 335.67 | 335.44 | + 0.23 | 0 | 15.90 | 15.90 | 0.00 |
| 98 | | | 20 | 45 | 333.58 | 333.38 | + 0.20 | 0 | 16.10 | 16.19 | - 0.09 |
| 99 | | 16 | 18 | 38 | 303.48 | 304.53 | - 1.05 | 0 | 13.90 | 13.95 | - 0.05 |
| 100 | | 17 | 19 | 41 | 206.82 | 209.43 | - 2.61 | 0 | 8.50 | 8.51 | - 0.01 |
| 101 | | 18 | 19 | 43 | 151.02 | 152.81 | - 1.79 | 0 | 16.23 | 16.25 | - 0.02 |
| 102 | | 20 | 19 | 5 | 27.35 | 25.58 | + 1.77 | + 2 | 8.99 | 8.75 | + 0.24 |
| 103 | | 21 | 16 | 50 | 334.58 | 334.63 | - 0.05 | 0 | 16.17 | 15.99 | + 0.18 |
| 104 | | | 18 | 11 | 332.95 | 332.88 | + 0.07 | 0 | 16.25 | 16.23 | + 0.02 |
| 105 | | 26 | 18 | 47 | 14.90 | 15.06 | - 0.16 | + 1 | 9.96 | 9.56 | + 0.40 |

| Nr. | Weltzeit | | | | Positionswinkel B | R | B - R | $\Delta t$ | Distanz B | R | B - R | |
|---|---|---|---|---|---|---|---|---|---|---|---|---|
| | 1931 | | | | | | | | | | | |
| 106 | Apr. | 2 | $16^h$ | $59^m$ | 327°02 | 327°03 | - 0°01 | $0^m$ | 16"72 | 16"64 | + 0"08 | |
| 107 | | | 17 | 25 | 326.43 | 326.51 | - 0.08 | 0 | 16.65 | 16.65 | 0.00 | |
| 108 | | 4 | 15 | 29 | 188.72 | 191.28 | - 2.56 | 0 | 9.65 | 9.93 | - 0.28 | |
| 109 | | 6 | 17 | 26 | -- | -- | -- | 0 | 10.49 | 10.50 | - 0.01 | |
| 110 | | 7 | 15 | 49 | 4.53 | 5.57 | - 1.04 | + 1 | 10.84 | 10.59 | + 0.25 | |
| 111 | Mai | 7 | 16 | 38 | 335.95 | 335.41 | + 0.54 | 0 | 15.47 | 15.52 | - 0.05 | |
| 112 | | 7 | 17 | 24 | 334.50 | 334.38 | + 0.12 | - 1 | 15.67 | 15.67 | 0.00 | |
| 113 | | 16 | 16 | 48 | 148.38 | 149.46 | - 1.08 | 0 | 16.38 | 16.14 | + 0.24 | |
| | 1932 | | | | | | | | | | | |
| 114 | Feb. | 6 | $18^h$ | $58^m$ | 47°33 | 48°47 | - 1°14 | $0^m$ | 7"31 | 7"47 | - 0"16 | |
| 115 | | | 19 | 19 | 44.22 | 46.46 | - 2.24 | 0 | 7.44 | 7.51 | - 0.07 | (x) |
| 116 | | | 19 | 44 | 42.43 | 44.17 | - 1.74 | 0 | 7.31 | 7.56 | - 0.25 | |
| 117 | | 16 | 19 | 21 | 152.57 | 152.77 | - 0.20 | 0 | 16.42 | 16.44 | - 0.02 | |
| 118 | | | 21 | 41 | 151.00 | 150.06 | + 0.94 | 0 | 16.85 | 16.68 | + 0.17 | |
| 119 | | 17 | 19 | 29 | 120.12 | 120.09 | + 0.03 | 0 | 12.31 | 12.41 | - 0.10 | |
| 120 | | | 22 | 15 | 114.37 | 113.77 | + 0.60 | 0 | 11.13 | 11.27 | - 0.14 | |

| Nr. | Weltzeit | | | | Positionswinkel B | R | B - R | $\Delta t$ | Distanz B | R | B - R |
|---|---|---|---|---|---|---|---|---|---|---|---|
| | 1932 | | | | | | | | | | |
| 121 | März | 1 | $20^h$ | $3^m$ | 356°.83 | 358°.24 | - 1°.41 | $0^m$ | 11".96 | 11".62 | + 0".34 |
| 122 | Apr. | 3 | 17 | 43 | 154.43 | 155.22 | - 0.79 | 0 | 16.22 | 15.95 | + 0.27 |
| 123 | | 29 | 17 | 23 | 352.77 | 352.73 | + 0.04 | - 1 | 12.40 | 12.44 | - 0.04 |

Die mit (x) versehene Messung Nr. 115 wurde von G. SCHNEIDER durchgeführt.

## Schlußwort

In dieser Arbeit wurde gezeigt, welch hohe Bedeutung den Störungen des inneren Trabanten Triton auf den äußeren Satelliten Nereide zukommt. Es sollte gleichzeitig dargelegt werden, wie man sich in einem derartig komplizierten Fall der Störungstheorie mit einfachen Hilfsmitteln der Praktischen Analysis eine Übersicht über die theoretisch sehr verwickelten Verhältnisse verschaffen kann. Wenn in einigen Jahren noch sicherere Massenbestimmungen für Triton und weitere Beobachtungsreihen für Nereide vorliegen, dürfte es sehr interessant sein, außer den bisher gerechneten Sonnenstörungen die erheblichen Einwirkungen des inneren Trabanten auf Nereide mit der Theorie der allgemeinen Störungen zu untersuchen. Es wäre dann in unserem Sonnensystem ein Spezialfall regelmäßig zu beobachten, der den Astronomen vergangener Jahrzehnte nur bei der Erscheinung gewisser Kometen zugängig war. Ferner wurde nachgewiesen, daß durch die erst später entdeckte Nereide die Störungen bei Triton nicht erklärt werden können. Es muß damit eine Abplattung bei Neptun nach wie vor angenommen werden.

## Literaturverzeichnis


1) H.L. Alden, "Observations of the satellite of Neptune", The Astronomical Journal, vol. 49, S. 70/71, Albany 1940.

2) H.L. Alden, "The mass of the satellite of Neptune", The Astronomical Journal, vol. 49, S. 71/72, Albany 1940.

3) H.L. Alden, "Observations of the satellite of Neptune", The Astronomical Journal, vol. 50, S. 110/111, New Haven 1943.

4) J.L. d'Alembert, "Opuscules mathématiques", Paris 1761.

5) G. Armellini, "Ricerche sopra le perturbazioni del satellite di Nettuno", Nota preliminare, Atti della Reale Accademia dei Lincei, Cl. di science fisiche, matematiche e naturali, Serie quinta - Rendiconti, vol. XXIV°, 1° semestre, S. 569 - 574, Rom 1915.

6) G. Armellini, "Ricerche sopra ...", Nota II, Atti della R. Accad., Serie V, vol. XXV°, 2° semestre, S. 433 - 438, Rom 1916.

7) G. Armellini, "Ricerche sopra ...", Nota III, Atti della R. Accad., Serie VI, vol. XXVI°, 2° semestre, S. 94 - 98, Rom 1917.

8) G. Armellini, "Ricerche sopra ...", Nota IV, Atti della R. Accad., Serie VI, vol. XXVI°, 2° semestre, S. 161 - 164, Rom 1917.

9) G. Armellini, "Sur les perturbations du satellite de Neptune", Bulletin astronomique, t. XXXV, S. 97 - 101, Paris 1918.

10) G. Armellini, "The perturbations of Neptune's satellite", The Observatory, vol. 41, S. 137, London 1918.

11) G. Armellini, "The perturbations of Neptune's satellite", The Observatory, vol. 42, S. 249, London 1919.

12) J. Bauschinger, "Die Bahnbestimmung der Himmelskörper", 2. Auflage, Leipzig 1928.

13) H.P. Berlage, "Types of satellite systems and the disc theory of the origin of the planetary system", Proc. K. Ned. Akad. Wet., vol. 51, S. 965 - 968, Amsterdam 1948

14) H.P. Berlage, "Remarks on the origin of satellites in general and on the metamorphosis of the systems of Neptune and the earth in particular", Proc. K. Ned. Akad. Wet., vol. 57, S. 452 - 463, Amsterdam 1954.

15) G. van Biesbroeck, "The orbit of Nereid, Neptune's second satellite", The Astronomical Journal, vol. 56, S. 110/111, New Haven 1951.

16) G. van Biesbroeck, "The mass of Neptune from a new orbit of its second satellite Nereid", The Astronomical Journal, vol. 62, S. 272 - 274, New Haven 1957.

17) C.A. van den Bosch, "De massa's van de groote planeten", Diss. Utrecht 1927, Baarn 1927.

18) H.E. Burton, "Corrections to elements of the orbit of the satellite of Neptune, from observations in 1911, 1912, made with the 26-inch equatorial", Publ. of the United States Naval Observatory, second series, vol. XII, S. 339 - 342, Washington 1929.

19) C.L. Charlier, "Die Mechanik des Himmels", I. Band, Leipzig 1902.

20) C.L. Charlier, "Über die Bewegung der Bahnebenen der Satelliten in unserem Planetensystem", Meddelanden fran Lunds Astronomiska Observatorium, Serie II, Band I, No. 5, Lund 1909.

21) R.T. Crawford, "Observations of comets and the satellite of Neptune", Lick Observatory Bulletin, nr. 404, Lick Observatory 1928.

22) F.W. Dyson u. J.R. Edney,
"Discussion of the observations of the satellite of Neptune made at the Royal observatory, Greenwich, in the years 1902/04", Monthly Notices of the Royal Astronomical Soc., vol. LXV, S. 570 - 583, Addendum, S. 850/851,
London 1905.

23) W.S. Eichelberger u. A. Newton,
"The orbit of Neptune's satellite and the pole of Neptune's equator", Astronomical Papers, vol. IX, part III, S. 281 - 337,
Washington 1926.

24) C. Flammarion, "Astronomie populaire",
Paris 1880.

25) L. Gialanella, "Sulla possibilità dell'appartenenza del pianeta Plutone al sistema di Nettuno", Atti della Reale Accademia d'Italia, Rendiconti della classe di scienze fisiche, matematiche e naturali, ser. VII, vol. II, S. 603 - 613,
Rom 1941.

26) L. Gialanella, "Sull'epoca del possibile distacco del pianeta Plutone dal sistema di Nettuno", Atti della Reale Accademia d'Italia, ..., ser. VII, vol. IV, S. 495 - 499,
Rom 1943.

27) L. Gialanella, "L'origine del pianeta Plutone", Scientia, vol. 38, S. 42 - 46,
Mailand 1944.

28) D. Gibb, "Motion of Neptune's satellite", Proc. of the Royal Society of Edinburgh, vol. XXIX, part VI, no. 33, S. 517 - 536,
Edinburgh 1909.

29) A. Hall, "The satellite of Neptune", The Astronomical Journal, vol. VIII, S. 78,
Boston 1889.

30) A. Hall, "Observations of satellites, - satellite of Neptune", Publ. of the United States Naval Observatory, second series, vol. XII, S. 133,
Washington 1929.

31) A. Hall, H.E. Burton, "Corrections to elements of the orbit of the satellite of Neptune from observations in 1911 made with the 26-inch equatorial", Publ. of the United States Naval Observatory, second series, vol. XII, S. 333 - 335, Washington 1929.

32) D. Harris u. G. van Biesbroeck, "Positions and preliminary orbit of Nereid, Neptune's second satellite", The Astronomical Journal, vol. 54, S. 197 - 199, New Haven 1949.

33) S. Herrick, "Step-by-step integration of $\ddot{x} = f(x,y,z,t)$ without a "corrector" ", University of California, Los Angeles, Astronomical Papers, no.12, vol.1, S. 123 - 130, Los Angeles 1951.

34) G.P. Kuiper, "The second satellite of Neptune", Publ. of the Astronomical Soc. of the Pacific, vol. 61, S. 175 - 176, San Francisco 1949.

35) G.P. Kuiper, "The law of planetary and satellite distances", The Astrophysical Journal, vol. 109, S. 308 - 313, Chicago 1949.

36) G.P. Kuiper, "The diameter of Neptune", The Astrophysical Journal, vol. 110, S. 93/94, Chicago 1949.

37) G.P. Kuiper, "The atmospheres of the earth and planets", Chicago 1949.

38) F.S. Laplace, "Traité de mécanique céleste", t. IV, Paris 1805.

39) R.A. Lyttleton, "Triton and Pluto, on the peculiarities of the motions of Pluto and the satellite of Neptune", The Sky, vol. 4, no. 7, S. 5/6, New York 1940.

40) A. Marth, "Researches on Satellites", Astronomische Nachrichten, Bd. 44, S. 113 - 150, Altona 1856.

41) A. Marth, "Ephemeris of the satellite of Neptune, 1886/87", Monthly Notices, vol. XLVI, S. 504 - 507, London 1886.

42) A. Marth, "On the Formulae for Computing the Apparent Positions of a Satellite, and for Correcting the Assumed Elements of its Orbit", Monthly Notices, vol. XLVII, S. 333 - 346, London 1887.

43) S. Newcomb, "Note on the satellite of Neptune", The Astronomical Journal, vol. VIII, S. 143, Boston 1888.

44) S. Newcomb, "Tables of the heliocentric motion of Uranus", Astronomical Papers, vol. VII, part III, Washington 1898.

45) S.B. Nicholson, A. van Maanen u. H.C. Willis, "A preliminary determination of the mass of Neptune's satellite", Publ. of the Astronomical Soc. of the Pacific, vol. 43, S. 261/62, San Francisco 1931.

46) G. Neujmin u. K. Pokrowsky, "Beobachtungen des Neptunstrabanten am 30-zölligen Pulkowoer Refraktor", Bulletin de l'observatoire central de Russie à Poulkovo, vol. X, S. 418 - 423, Moskau 1927.

47) G. Stracke, "Bahnbestimmung der Planeten und Kometen", Berlin 1929.

48) H. Struve, "Beobachtungen des Neptunstrabanten am 30-zölligen Pulkowaer Refractor", Mémoires de l'académie impériale des sciences de St.-Pétersbourg, VII$^{e}$ série, tome XLII, n$^{o}$ 4, St.-Pétersbourg 1894.

49) H. Struve, "Über die Störung der Bahn des Neptunstrabanten", Astronomische Nachrichten, Bd. 207, S. 209 - 214, Kiel 1918.

50) F. Tisserand, "Sur le satellite de Neptune", Comptes Rendus, t. 107, S. 804 - 810, Paris 1888.

51) F. Tisserand, "Sur le satellite de Neptune", Comptes Rendus, t. 118, S. 1372 - 1377, Paris 1894.

52) F. Tisserand, "Traité de mécanique céleste", Paris 1896.

53) J. Warzée, "Le mouvement du satellite de Neptune", Académie Royale de Belgique, classe des sciences, mémoires, collection in 4°, deuxième série, t. VIII, fasc. 2, Brüssel 1926.

54) R. Zurmühl, "Praktische Mathematik", Berlin 1953.

## Tafelwerke

55) J.J. Astrand, "Hülfstafeln zur leichten und genauen Auflösung des Kepler'schen Problems", Leipzig 1890.

56) J. Bauschinger, "Tafeln zur Theoretischen Astronomie", 2. Auflage von G. Stracke, Leipzig 1934.

57) "Berliner Astronomisches Jahrbuch für 1958", Berlin 1956.

58) W.J. Eckert, Dirk Brouwer u. G.M. Clemence, "Coordinates of the five outer planets 1653 - 2060", Astronomical Papers, vol. XII, Washington 1951.

59) E.E. Kühne, "Tafel für $r^{-3}$ mit dem Argument $r^2$", Berlin 1953.

60) Landolt-Börnstein, "Zahlenwerte und Funktionen", III. Bd., Astronomie und Geophysik, Berlin 1952.

61) J. Peters, "Sechsstellige Tafel der trigonometrischen Funktionen", 2. Aufl., Bonn 1939.

62) J. Peters, "Achtstellige Tafel der trigonometrischen Funktionen, Alte Teilung", Berlin 1939

63) F. Schlesinger u. S. Udick, "Tables for the true anomaly in elliptic orbits", Publ. of the Allegheny Observatory of the University of Pittsburgh, vol. II, n°. 17, Lancaster 1912.

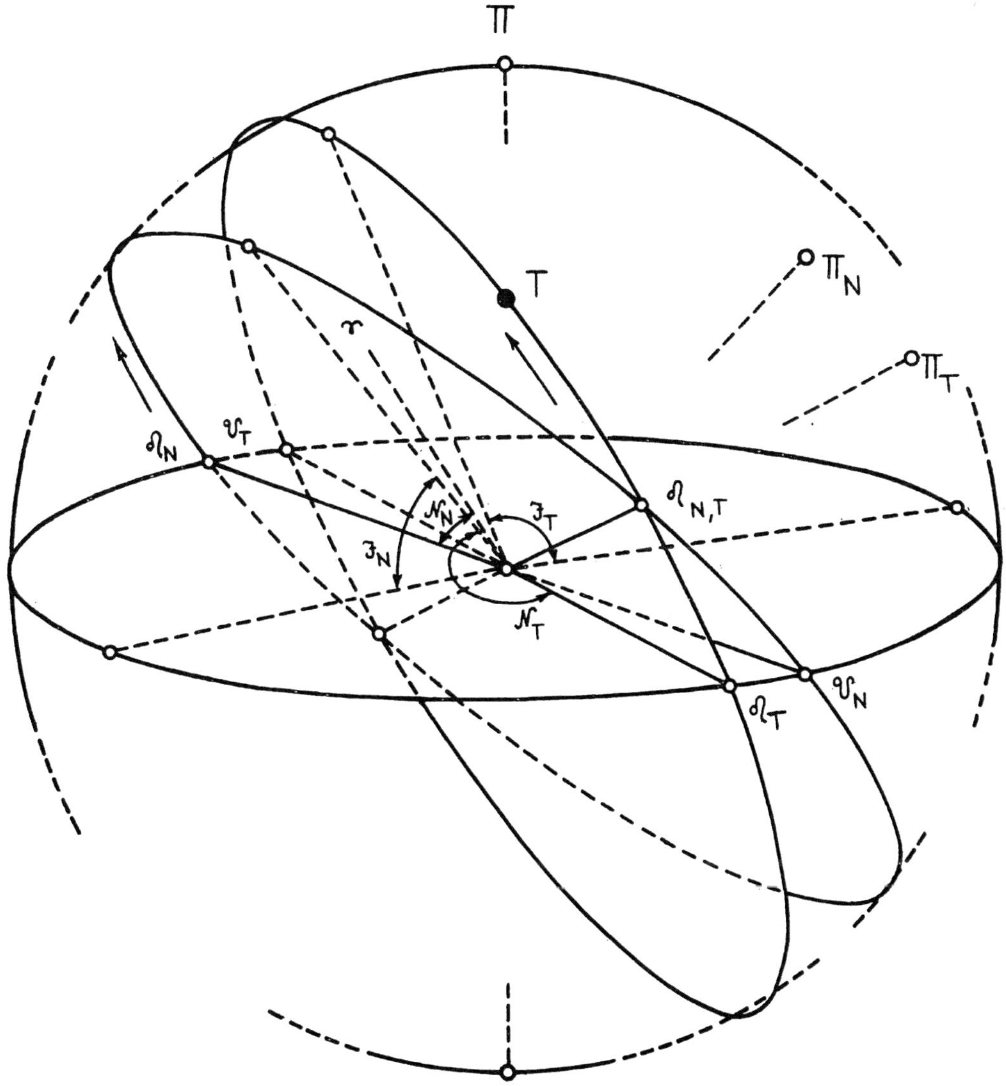


Abbildung I

Tritonbahn und Lage des Neptunäquators

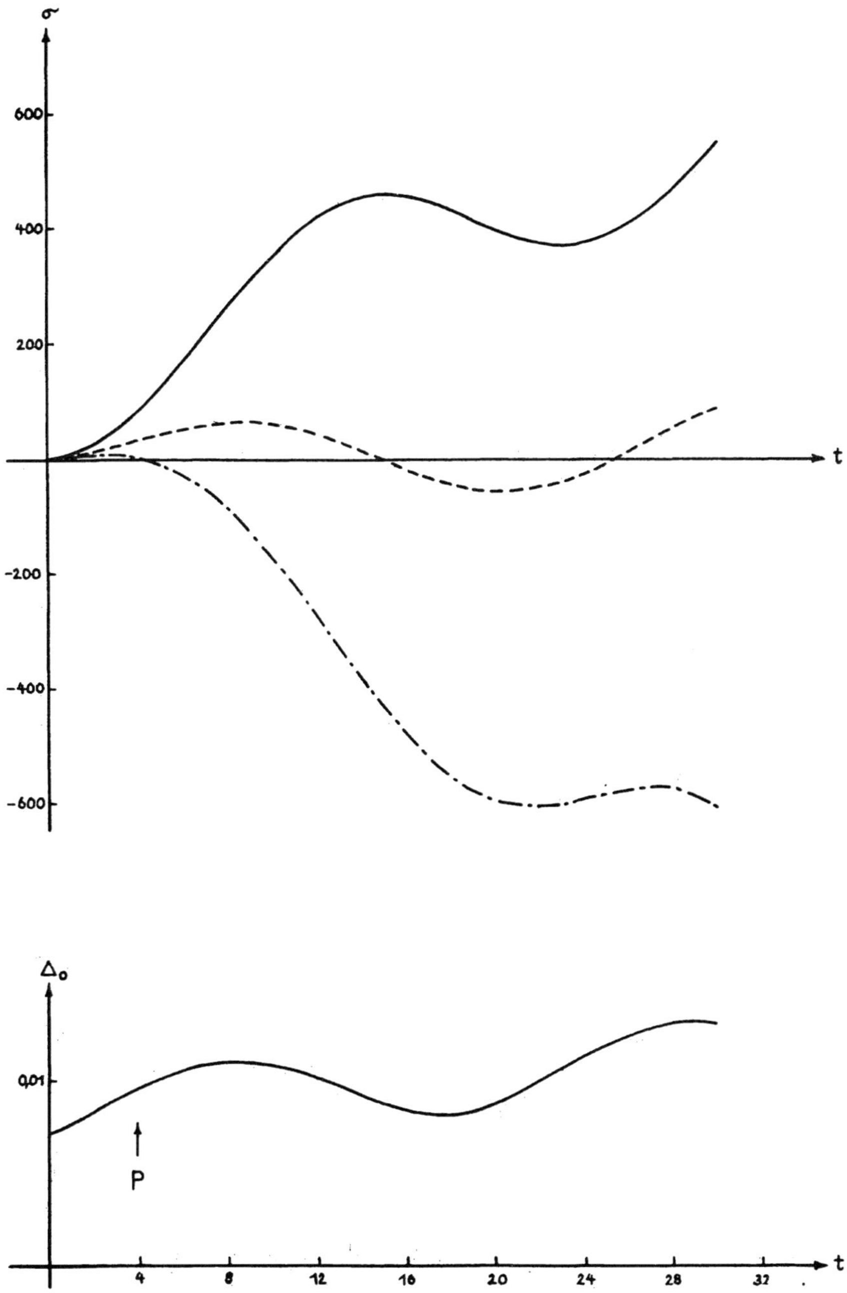


Abbildung II

Funktionsverlauf der Störungen

(vgl. S. 49)

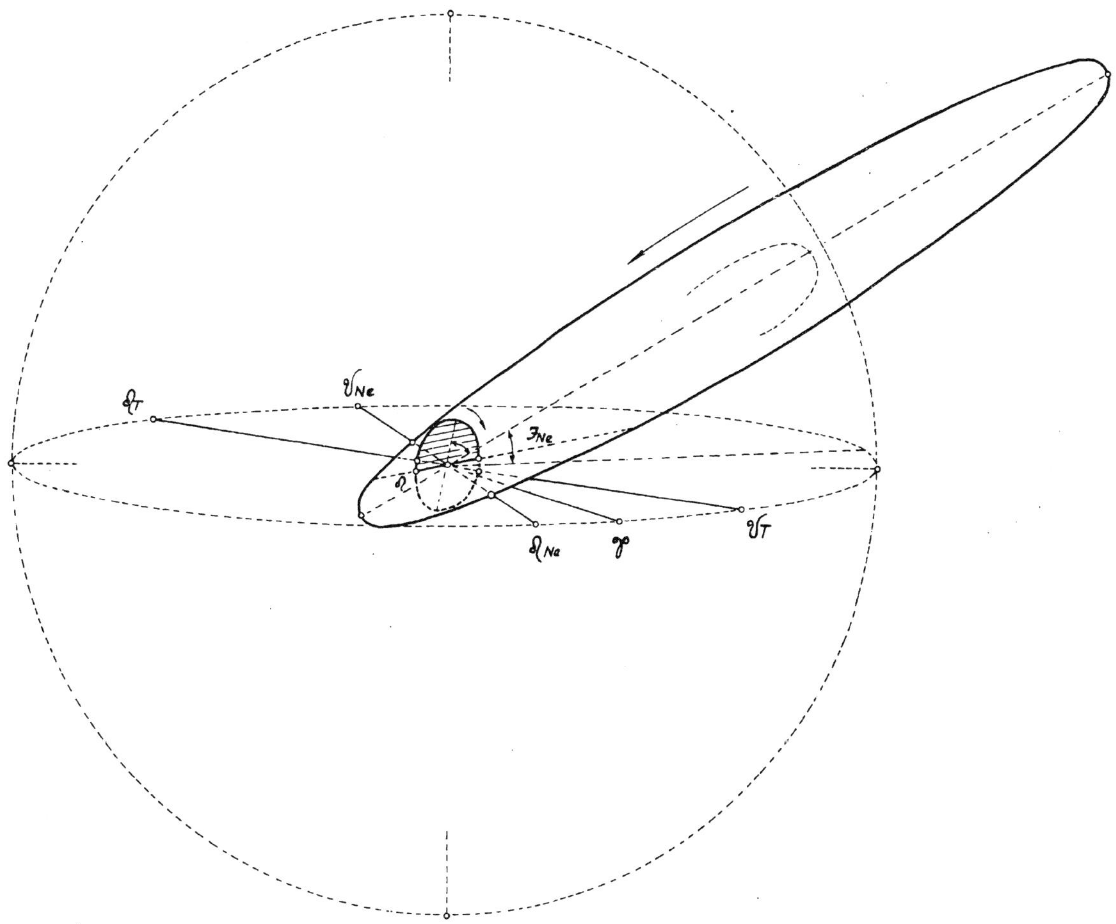

Abbildung III

Gegenseitige Lage der Trabanten

(vgl. S. 51)

Резюме. После исторического обзора различных теорий движеиня спутников Нептуна показывается, что и сегодня можно применять теорию ТИССЕРАНДА-НЬЮКОМБА.
Численным приближением показывается, что преобладающее влияние на движение Нереида имеют возмущения от Тритона. Они превышают учитанные до сих пор возмущения от Солнца. Были редуцированы и сравнены с эферидами ЭИХЕЛЬБЕРГЕРА и НЬЮТОНА наблюдения Тритона, сделанные ГЕОРГОМ СТРУВЕ в 1922 - 1932 гг.

FSC
www.fsc.org
MIX
Papier | Fördert gute Waldnutzung
FSC® C083411

Zeitfracht Medien GmbH
Ferdinand-Jühlke-Straße 7
99095 Erfurt, Deutschland
produktsicherheit@kolibri360.de